新结构与新工艺提高孕镶金刚石钻头性能的研究

XIN JIEGOU YU XIN GONGYI TIGAO YUNXIANG

JINGANGSHI ZUANTOU XINGNENG DE YANJIU

杨 展 叶宏煜 周 晔 著

图书在版编目(CIP)数据

新结构与新工艺提高孕镶金刚石钻头性能的研究/杨展,叶宏煜,周晔著. —武汉:中国地质大学出版社,2023.9
ISBN 978-7-5625-5623-7

Ⅰ.①新… Ⅱ.①杨… ②叶… ③周… Ⅲ.①金刚石钻头-性能-研究 Ⅳ.①P634.4

中国国家版本馆 CIP 数据核字(2023)第 134815 号

新结构与新工艺提高孕镶金刚石钻头性能的研究	杨 展 叶宏煜 周 晔 著
责任编辑:彭 琳 武慧君　　选题策划:徐蕾蕾	责任校对:何澍语
出版发行:中国地质大学出版社(武汉市洪山区鲁磨路388号)	邮政编码:430074
电　　话:(027)67883511　　传　　真:(027)67883580	E-mail:cbb@cug.edu.cn
经　　销:全国新华书店	http://cugp.cug.edu.cn
开本:787毫米×1092毫米 1/16	字数:262千字　印张:10.5
版次:2023年9月第1版	印次:2023年9月第1次印刷
印刷:武汉市籍缘印刷厂	
ISBN 978-7-5625-5623-7	定价:78.00元

如有印装质量问题请与印刷厂联系调换

前 言

《新结构与新工艺提高孕镶金刚石钻头性能的研究》基于作者已申请的10项国家发明专利及其相关研究成果撰写而成。

《新结构与新工艺提高孕镶金刚石钻头性能的研究》具有以下特点。

(1)将10项国家发明专利与相关研究成果汇集于一体,并经过较深入的分析而得出更加全面的结论,充分体现出发明专利的科学性与完整性,以及相关研究成果的先进性和实用性,便于后期推广应用。

(2)对10项相关的国家发明专利进行了整理和分析,重点讲解了研究思路、试验方法与数据处理和分析方法,突出了专利成果的创造性,有利于这些成果得到重视和推广应用。

(3)首次提出了热压金刚石钻头的性能、岩石的性质和钻进工艺技术研究是一个系统工程,金刚石钻头的设计与性能研究必须在这个系统工程内试验完成的观点。这三者是一个有机的统一体,离开了其中某个方面的研究试验,都不可能得到具有实用价值的研究成果。

(4)提出孕镶金刚石钻头的性能由钻头胎体材料体系和优化配合的热压工艺参数所决定,钻头的胎体材料是基础,而优化配合的热压工艺参数是保障。

(5)作者十分重视孕镶金刚石钻头制造工艺参数的研究与试验,在本书中介绍了针对不同的孕镶金刚石钻头胎体材料体系,研究试验了热压温度、压力与保温保压的工艺参数,同时研究了各参数间的优化配合,为研制高效、长寿命的孕镶金刚石钻头提供了有益的信息。

(6)在第七章简明扼要地介绍了制造电镀金刚石钻头的新工艺、新技术,以解决目前国内制造电镀金刚石钻头面临的问题,为制造电镀金刚石钻头的公司提供了技术支持。

(7)详细介绍了对孕镶金刚石钻头预合金粉胎体做的较深入的试验研究,提出了有实用价值的钻头胎体配方和优化配合的热压工艺参数,并对单质金属粉的传统配方与制造工艺重新进行了试验研究和调整,获得了与预合金粉不同的热压工艺参数,为提高孕镶金刚石钻头质量做了十分有益的研究工作。

(8)就提高热压金刚石钻头对岩石的适应性和电镀金刚石钻头的耐磨性,做了较深入的分析与研究,并提出了相应的工艺与技术措施,具有实用性。

(9)本书由8章组成,包括制造孕镶金刚石钻头的10项结构方面的研究成果,提供了超常压力热压的金刚石钻头研究成果,并初步研究了钻头胎体磨损机理以及钻头磨损与金刚石出刃的相关性,这些都为研制高效、长寿命孕镶金刚石钻头提供了科学依据,奠定了良好基础。

本书主要由中国地质大学(武汉)机械与电子信息学院的副教授杨展与武汉万邦激光金刚石工具股份有限公司的董事长、高级工程师叶宏煜合作完成。叶宏煜完成第三章,第五章的第一节、第二节、第十节以及第十一节,第七章的第五节、第六节;中国地质大学(武汉)机械与电子信息学院的副教授周晔参与了书中涉及的4项发明专利的试验与研究工作,完成所有图形绘制;杨展完成其余工作,并对全书进行统稿、审核。

在本书即将出版之际,作者衷心感谢武汉万邦激光金刚石工具股份有限公司为本书的研究工作提供了部分实验条件,帮助作者顺利完成了多项室内研究与钻进试验,感谢分公司邹盛树经理的大力支持。衷心感谢为野外钻进试验提供了良好条件和支持的野外钻探单位:河南省地质矿产勘查开发局第二地质勘查院、湖南迪凡地质装备有限公司、核工业290研究所。

本书对国内从事人造孕镶金刚石钻头及金刚石复合材料、人造金刚石制品研究与生产的企事业单位的工程技术人员和相关大专院校的师生,探矿工程的广大工程技术人员将有所启迪和帮助。

由于作者水平有限,某些试验条件与检测条件尚不够完善,书中难免存在某些不足,敬请读者指正,不胜感激!

杨展
2023年1月

目 录

第一章 孕镶金刚石钻头设计研究 ……………………………………………………（1）

第一节 孕镶金刚石钻头设计基础 …………………………………………………（1）
第二节 孔底岩石破碎过程 …………………………………………………………（4）
第三节 孕镶金刚石钻头磨损机理研究分析 ………………………………………（9）

第二章 孕镶金刚石钻头的结构 ………………………………………………………（16）

第一节 孕镶金刚石钻头底唇面结构 ………………………………………………（16）
第二节 孕镶金刚石钻头工作层内部结构 …………………………………………（19）
第三节 孕镶金刚石钻头保径结构 …………………………………………………（20）

第三章 孕镶金刚石钻头性能设计 ……………………………………………………（24）

第一节 岩石的物理力学性质 ………………………………………………………（24）
第二节 热压孕镶金刚石钻头胎体性能 ……………………………………………（26）
第三节 热压金刚石钻头胎体材料 …………………………………………………（36）

第四章 热压金刚石钻头制造 …………………………………………………………（39）

第一节 常用石墨模具和钢体的设计 ………………………………………………（40）
第二节 孕镶金刚石钻头胎体性能设计 ……………………………………………（41）
第三节 金刚石参数设计 ……………………………………………………………（46）
第四节 热压钻头工艺参数研究 ……………………………………………………（48）

第五章 新结构新工艺孕镶金刚石钻头研究 …………………………………………（64）

第一节 钻进坚硬致密岩层的孕镶金刚石钻头 ……………………………………（65）
第二节 分层复合型孕镶金刚石钻头 ………………………………………………（72）
第三节 钻进卵砾石地层金刚石钻头研究 …………………………………………（85）
第四节 直角梯形齿金刚石钻头研究 ………………………………………………（89）
第五节 弱化胎体耐磨性的金刚石钻头 ……………………………………………（95）
第六节 聚晶体热压金刚石钻头 ……………………………………………………（102）

第七节　热等静压孕镶金刚石钻头研究 …………………………………………… (107)
　　第八节　强-弱组合扇形体结构金刚石钻头 …………………………………… (114)
　　第九节　磨锐式孕镶金刚石钻头 ………………………………………………… (118)
　　第十节　烧结体复合金刚石钻头 ………………………………………………… (123)
　　第十一节　工程勘察用金刚石钻头研究 ………………………………………… (126)

第六章　超常压力热压金刚石钻头研究 ………………………………………… (132)

　　第一节　超常压力的理论基础 …………………………………………………… (132)
　　第二节　超常压力提高热压钻头性能研究 ……………………………………… (133)
　　第三节　超常压力的试验研究 …………………………………………………… (135)

第七章　电镀金刚石钻头新工艺 ………………………………………………… (140)

　　第一节　电镀镍基金刚石钻头 …………………………………………………… (140)
　　第二节　纯镍电镀液成分及其作用 ……………………………………………… (142)
　　第三节　电镀纯镍胎体金刚石钻头工艺参数 …………………………………… (144)
　　第四节　电镀金刚石钻头特种工艺技术 ………………………………………… (145)
　　第五节　加金刚石方法 …………………………………………………………… (147)
　　第六节　电镀双层水口金刚石钻头 ……………………………………………… (149)

第八章　提高孕镶金刚石钻头的质量 …………………………………………… (153)

　　第一节　提高热压孕镶金刚石钻头适应性 ……………………………………… (153)
　　第二节　提高电镀金刚石钻头的耐磨性 ………………………………………… (157)

主要参考文献 …………………………………………………………………………… (161)

第一章　孕镶金刚石钻头设计研究

第一节　孕镶金刚石钻头设计基础

一、孕镶金刚石钻头研究基本程序

热压金刚石钻头的性能、岩石的性质以及钻进工艺参数，是热压金刚石钻头科学设计、合理选型和正确使用系统工程中的3个要素，这三者是一个有机的整体，互为条件，相辅相成，直接影响钻头的适应性和钻进效果。不能把3个要素孤立起来看待，否则，就会达不到预期的效果。

一般来说，只要热压钻头的性能设计基本合理，热压工艺参数与钻头的胎体成分基本相匹配，该钻头就具有一定的适应性并可以产生较好的钻进效果。出现钻头钻进效果差的原因，主要是钻头设计缺乏针对性，或钻头的选型不对，或钻进工艺参数与岩性以及钻头的性能不适应。这就充分说明了上述3个要素密切配合的重要性。

热压孕镶金刚石钻头研究基本程序如图1-1所示。

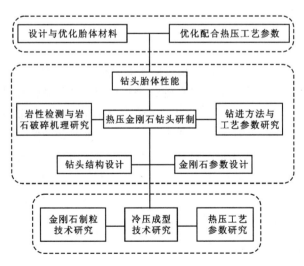

图1-1　热压金刚石钻头研究基本程序

二、钻头的性能

钻头的性能涉及钻头胎体性能、钻头结构和金刚石参数等。而钻头胎体性能主要涉及硬度、耐磨性、热性能和实际密度等指标，特别是胎体的耐磨性，直接关系到钻头对岩石的适应性，关系到金刚石的出刃效果。因此，钻头胎体的耐磨性显得尤为重要。

金刚石钻头的性能受制于岩石的物理力学性质，也就是说钻头的性能设计必须以岩石的物理力学性质为基本依据，或者说以岩石的可钻性为基本依据。例如，当岩石的研磨性很强时，所设计的孕镶金刚石钻头必须有较高的耐磨性，否则钻头的使用寿命必定不理想。而针对坚硬致密、钻进时效很低的岩石，必须采取降低胎体设计硬度、弱化胎体耐磨性等技术措施，设计科学、合理的钻头结构，才能得到好的钻进效果。而对于普通硬岩和完整岩石而言，金刚石钻头的胎体硬度和耐磨性不能太低，且对胎体的综合机械强度要求较高。

三、岩石的性质

岩石的力学性质主要指压入硬度、研磨性、抗剪强度等，岩石的物理性质主要指岩石的完整程度、孔隙度、含水性和遇水性等。同时，对岩石的破碎过程与机理也应当予以重视，因为岩石的破碎机理研究内容涉及岩石的力学性质、破碎岩石的切削具性质与参数以及破碎岩石时所采用的工艺参数，其试验研究结果可用于指导金刚石钻头性能与钻头结构参数的设计。

岩石的可钻性及其分级标准是基于岩石的物理力学性质，并结合钻进方法和钻进指标确定的，清楚地表明了岩石的物理力学性质的重要性。岩石的可钻性不仅是设计金刚石钻头性能和钻进规程参数的基础与依据，也是金刚石钻头选型的重要依据，还是选定钻进方法和制订钻探生产定额的依据。由此可知，岩石的物理力学性质是科学设计钻头、合理选择钻头和正确使用钻头的重要基础与依据。

四、钻进工艺参数

钻进工艺参数的合理性将直接影响钻进效果和钻探经济技术指标。

钻进工艺参数的制订依据同样是岩石的物理力学性质，或岩石的可钻性级别。对于不同的岩石，钻进工艺参数的制订与实施会因为操作者不同而有所不同，许多情况下表现出受人为因素的影响。没有依据岩石性质而设计的钻进工艺参数，必然存在局限性。例如，在同一个勘探区，使用同一家公司的钻头，却可能出现不同的钻进效果，有时甚至差别较大。由此可知配合与优化钻进工艺参数的重要性。只有基于岩石物理力学性质，优化钻进工艺参数，才可能提高钻头对岩石的适应性，改善钻头的钻进效果，这样的工程实例很多。因此，使用钻头时对钻进工艺参数应加以重视。

五、3个要素的密切配合

岩石的性质是基础，只有掌握了岩石的物理力学性质，设计的钻进工艺参数才能科学合理，在此基础上完成的钻头设计才能有的放矢，钻进效果才能令人满意，钻头厂商和钻头使用者才能实现双赢。

因此可以说,3个要素中岩石的性质是基础,钻进工艺参数是手段,合理的钻头性能是保障。当然,在3个要素中,钻头厂商应站在主导位置,认真研究钻头的性能,满足钻探生产的要求;而钻头使用者要予以积极配合,依据钻进状况,优化钻进工艺参数,才能取得好的钻进效果。

1. 岩石力学性质分析与检测

钻头厂商应对所钻岩石进行岩性分析或检测。检测或分析的内容包括岩石的类型、岩石矿物成分及其含量、矿物的粒度、岩石胶结物类型、岩层的完整程度等。例如,石英含量高且颗粒大的岩石,其硬度高,研磨性强;硅质胶结的岩石,其硬度与耐磨性较高;碳酸质胶结的岩石,其硬度较低,研磨性较弱;火成岩和变质岩普遍比沉积岩的硬度高,研磨性强;等等。这些都是设计和选择钻头性能的基础与依据,是确定钻进工艺参数的基础与依据,必须予以重视。这些基本信息资料不一定需要通过检测仪器才能获得,也可通过现场的机班长或其他地质技术人员了解和掌握。销售和技术人员应学会认识岩石,勤学多问,久而久之就会有所收获与提高。条件较好的厂商应配备一些必要的岩石力学性质检测仪器,争取在掌握较多的岩石性质基础上再进行钻头性能设计。

2. 钻头的胎体材料

目前,大多数厂商都开始将预合金粉作为金刚石钻头的胎体材料,这是因为预合金粉较其他胎体材料有很多优势:配方简单且易于调整;胎体成分分布均匀,钻头性能稳定且易于调控,热压参数可调范围广。预合金粉配方的设计可以以所使用过的单质金属粉作为基础,合理选择预合金粉的类型。例如,以铁-镍-锰-铬基预合金粉为主,配合适量的硬质合金粉和铜合金粉就能满足要求。一般采用5～7种预合金粉即可满足对孕镶金刚石钻头的性能要求。

湖南省冶金材料研究院有限公司和湖南富桅新材料股份有限公司生产的预合金粉品种齐全,性能稳定且良好,可以满足要求,两家公司生产的预合金粉各有所长。

胎体性能的研究应摆脱过去凭经验设计或者采用改变胎体成分或含量比的试验方法,否则不仅试验周期长,而且难以实现优化。有很多试验方法可以采用,例如,混料回归试验设计方法和方开泰有约束配方均匀设计方法都是比较实用的方法。这些方法可以在选定预合金粉材料的基础上,通过试验得出多种性能所对应的胎体材料优化组合;可以依据岩石性质,合理选择其中一种优化配方生产钻头,取得好的效果。

钻头胎体性能的研究试验方法不仅限于上述的基本试验方法,还可以将这些方法与胎体性能的测试和分析密切结合起来,与岩石的物理力学性质的分析和检测密切结合起来,最后建立起胎体力学性质与岩石物理力学性质的内在联系,用于指导热压金刚石钻头的设计。

目前,缺乏应用效果良好的胎体与岩石物理力学性质的检测仪器和设备,特别缺乏检测胎体耐磨性的仪器,使科学设计胎体性能、提高钻头的普适性受到不小的影响。

3. 钻头的结构设计

钻头的结构对钻头的性能和钻进效果会产生显著的影响，其重要性应该与钻头的胎体性能并列，不可忽视。钻头的结构不仅应该包括钻头底唇面的结构，特别是钻头工作层内部的结构，还应包括钻头保径层结构和钻头的水路系统结构等。

不同类型的钻头采用不同的保径方式，人造孕镶金刚石钻头一般采用圆柱状聚晶体保径方式，天然表镶金刚石钻头一般采用天然金刚石保径方式，电镀孕镶金刚石钻头一般采用人造单晶保径方式，三角形聚晶表镶钻头一般采用三角形聚晶体保径方式。三角形聚晶体安置的方法有两种：一种是三角形面出露在外，另一种是矩形面出露在外。

采用聚晶体保径方式的效果好，缘于聚晶体的耐磨性高。但是，聚晶体的修孔效果并不太好，在许多情况下可能在保径层和工作层交界处磨损出一个微型台阶，在工作层的内、外保径磨损较快时这种现象更加明显。该台阶会消耗钻压，影响钻速。由此可知，热压钻头的保径设计必须科学、实用，否则就会影响钻头的使用寿命和钻进效果。

4. 热压钻头制造工艺参数

胎体材料体系与配方不同，热压工艺参数必然不同。采用预合金粉作为热压钻头胎体材料，热压参数中的温度、压力以及保温时间等会随之改变，主要参数间的优化关系也会随之变化，主要表现为烧结温度有所降低，压力有所提高，而保温时间略有缩短。

采用预合金粉作为胎体材料，胎体中黏结铜-锡合金的黏结剂含量远低于单质金属粉配方中的含量；但是，预合金粉胎体材料中铜的含量并未降低。从烧结机制角度分析，钻头胎体的致密化程度必然发生变化。理论与实践研究表明，采用预合金粉能够实现固相烧结。固相烧结通常可分为组元间完全相互溶解的烧结，组元间具有有限溶解度的烧结，以及在极端情况下，组元间完全互不溶解的烧结。固相烧结为研制具有普适性的钻头奠定了良好的基础，值得重视和研究。

孕镶金刚石钻头制造工艺中，冷压成型-热压烧结复合制造工艺技术是科学的、实用性强的工艺技术，制粒技术是与之配合的有效手段，这些都为实现制造高效、长寿命孕镶金刚石钻头提供了可靠的技术支持。

第二节　孔底岩石破碎过程

岩石在金刚石作用下的破碎循环过程如下：出现弹性变形→出现微裂隙→发展新裂隙→形成裂隙组（初破碎区）→形成主压力体→压碎压入岩体。虽然这个破碎循环过程是在极短的时间内完成的，但岩石的整个破碎需要经过裂隙的形成、发育和发展等不同时间段才能完成，并非一蹴而就，需要经历一定时间的发育、发展，即存在时间效应。越是坚硬的岩石，时间效应越明显，即岩石的破碎难度越大。

对于金刚石钻头钻进过程中涉及的破碎岩石的理论，国内外专家有以下几种不同的观点。

(1)破碎岩石主要以研磨方式进行,其中存在切削以及压入破碎岩石的可能。

(2)金刚石钻进是切削和微切削的过程,金刚石钻头破碎岩石是剪切过程,但不否定存在剪切与切削及研磨联合作用的可能。

(3)金刚石钻进依靠压碎、压入加剪切方式破碎岩石,只是在钻进中硬及以下、塑性较强的岩石时才可能存在切削过程。

其实,当钻进不同的岩石时,由于采用不同粒度的金刚石和不同类型的钻头以及不同的钻进工艺参数就会涉及不同的岩石破碎机理,金刚石钻进破碎岩石的机理,并不是哪一种破碎岩石的方式和过程能够全面地描述清楚的。

一、表镶金刚石钻头破碎岩石的过程

表镶金刚石钻头上的金刚石颗粒较大,其初始出刃量都较高。在分析表镶金刚石钻头破碎岩石过程时,往往将钻头上单颗金刚石作为研究对象,并视之为似球体。研究分析球体压入硬而脆岩石时的作用过程,结论是主要破碎方式为压裂、压碎加体积剪切,而切削破碎方式是次要的。对于塑性较强的中硬岩石,则以切削方式为主,以压裂与压碎方式为辅。

金刚石切削破碎岩石作用如图1-2所示。金刚石在轴向压力P的作用下,保持切入岩石深度h,然后在水平力Q的作用下,金刚石以其前棱面切削岩石,经过几个小体积的剪张体后,经过一个大体积剪张体a,此时水平力Q随之骤然下降,趋于零。金刚石继续受力运动,与岩石的接触面积逐渐增大,形成小体积剪张体b,水平阻力H随之脉动变化并逐渐增大,直到金刚石与岩石接触深度接近h时,又产生一次大体积剪切破碎。单颗金刚石就是这样循环运动,使得岩石破碎。

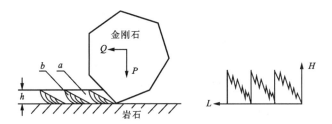

P.轴向压力;Q.水平力;h.切入深度;H.水平阻力;L.水平移动距离;a.大体积剪张体;b.小体积剪张体。

图1-2 金刚石切削破碎岩石的作用

金刚石沿着其运动方向在岩石上会形成沟槽,其宽度超过金刚石切入岩石深度h。在硬而具有弹脆性岩石中钻进,由于在岩石中产生的应力会引起超前变形,因而在金刚石前方的岩石呈现脉动性破碎。在岩石被剪切的片刻,接触点上的压力先降低,之后又重新升高至破碎岩石所需要的压力。金刚石在石英板上进行刻画试验时,由沟槽分离出的岩屑大小是金刚石底出刃量的5~10倍。而对于塑性岩石,金刚石以其前刃同岩石连续接触,此刻沟槽宽度接近金刚石的切入深度。金刚石破碎岩石时,所产生的大部分岩粉分布在被切出的沟槽两边,而留在槽底的部分岩粉则被压成致密体。

分析上述数据,并与金刚石切入部分的参数对比后,可以得出以下结论。

(1) 在利用金刚石破碎岩石的情况下,岩石在垂直方向相比在其他方向能够获得更好的破碎效果。

(2) 垂直方向的破碎尺寸是金刚石实际切入深度的 1.3~5 倍,该值的大小取决于岩石的弹脆性。

(3) 破碎沟槽的深度是金刚石切入部分宽度的 1.2~1.8 倍。

(4) 增大金刚石的轴向压力,会增大岩石破碎沟槽的深度和宽度,其规律近似于抛物线的变化规律。

金刚石作用下岩石破碎示意图如图 1-3。金刚石在岩石中的切入深度为

$$h_a = \frac{PK_p}{\pi P_k D_3} \tag{1-1}$$

式中:h_a——金刚石切入深度(m);

P——轴向压力(N);

P_k——岩石的史氏硬度值(Pa);

D_3——金刚石直径(m,近似球形);

K_p——岩石破碎系数。它取决于岩石的弹塑性系数,脆性岩石 $K_p=10$,塑性岩石 $K_p=1.5$,塑脆性岩石 $K_p=4.0$。

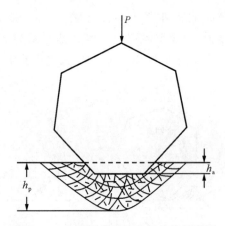

图 1-3 金刚石作用下岩石破碎示意图

在轴向压力 P 的作用下,金刚石钻头破碎岩石的深度 h_a(mm)为

$$h_a = \frac{PK_p K_a}{\pi P_k D_3 m} \tag{1-2}$$

式中:K_a——金刚石形状的系数。如椭圆化金刚石 $K_a=1$,八面体金刚石 $K_a=1.5$,碎粒金刚石 $K_a=1.3$;

m——钻头上的金刚石颗粒数。

而金刚石钻头钻进的机械钻速 v_M(mm/min)为

$$v_M = \frac{PnK_p K_a}{\pi P_k D_3 m} \tag{1-3}$$

式中:n——钻头的回转速度(r/min)。

式(1-3)适用于钻头转速小于1.5kr/min,轴压在6~15kN之间,钻头直径为59mm的情况。

单颗金刚石破碎岩石的作用能够比较好地描述表镶金刚石钻头的破碎岩石的理论。但由于孕镶金刚石钻头的结构参数不同于表镶金刚石钻头的结构参数,因而二者破碎岩石的机理有所区别。

二、孕镶金刚石钻头破碎岩石的过程

对于孕镶金刚石钻头破碎岩石的机理,学术界存在着不同的看法。一种观点认为孕镶金刚石钻头破碎岩石的机理与砂轮的磨削原理相似,钻头以磨削方式破碎岩石;另一种观点则认为孕镶金刚石钻头破碎岩石的机理与表镶金刚石钻头相似,差别仅在于使用的金刚石粒度不相同。因而,对于脆性岩石破碎方式以微压裂、压碎加微体积剪切为主,对于塑性岩石则以微切削为主。

孕镶金刚石钻头底唇部金刚石颗粒的工作情况也不同于表镶金刚石钻头。在与岩石接触时,金刚石钻头的底唇部胎体开始磨损,需要一定的初磨时间,金刚石才能逐渐出刃。此时,钻头胎体磨损较快,从而加快了金刚石出露的速度,并逐渐增大金刚石切入岩石的深度。只有当金刚石出露足够量并保证切入岩石时,才能有效地破碎岩石。

孕镶金刚石钻头在工作过程中,胎体的底唇面与岩石之间留有一定的间隙,间隙的大小取决于金刚石的出刃量与切入岩石的深度之间的差值。间隙里充满了岩粉,这些岩粉在被冲洗液从孔底冲走之前,一直对钻头胎体起着研磨作用,即冲蚀磨损作用,有利于金刚石出刃和发挥孕镶金刚石钻头的自锐作用。

当金刚石切入岩石时,在应力作用下,金刚石中可能出现裂纹,这些裂纹逐渐积累和发展,就导致金刚石的脆性碎裂。随着钻进的进行,钻头胎体被不断磨损,逐渐失去对金刚石的包镶能力,致使工作金刚石从胎体上陆续脱落。金刚石在胎体中基本均匀分布,因此在钻进过程中,胎体一直受到磨损,失去胎体包镶的金刚石不断脱离胎体,而具有工作能力的金刚石会不断从胎体中出露,这就保证了孕镶金刚石钻头具有恒定的破碎岩石的能力,保证恒定的钻速。

如图1-4所示,分布于切削线上的多颗金刚石,在金刚石钻头胎体上作用着能够保证金刚石切入岩石的轴向载荷 P_a 和能够保证金刚石钻头沿孔底运动的切向载荷 P_τ,这两种载荷分布在金刚石颗粒上。由此可知,作用于一颗工作金刚石上的轴向分载荷和切向载荷的平均值,取决于钻头底唇面上金刚石颗粒的总数。

$$P_{a0} = \frac{P_a}{n_k} \qquad (1-4)$$

$$P_{\tau 0} = \frac{P_\tau}{n_k} \qquad (1-5)$$

式中:P_{a0}——作用于一颗金刚石上的轴向载荷(N);

$P_{\tau 0}$——作用于一颗金刚石上的切向载荷(N);

n_k——钻头与岩石接触后有工作能力的金刚石颗粒数。

当钻头回转时,金刚石每转钻进量 L_0(mm/r)同机械钻速与转速的关系可用下式表示。

$$L_0 = \frac{v_M}{nm_k} \qquad (1-6)$$

式中：L_0——单颗金刚石每转钻进量(mm/r)；

v_M——钻头机械钻速(mm/min)；

n——钻头转速(r/min)；

m_k——切削线上工作金刚石颗粒数量。

式(1-6)表明，金刚石的钻进量与钻速成正比，与钻头转速和切削线上工作金刚石颗粒数量成反比。金刚石钻进量取决于每转从孔底岩石分离下来的岩粉颗粒的大小与数量，而胎体的磨损和金刚石的出露状态则取决于岩粉颗粒的研磨作用。

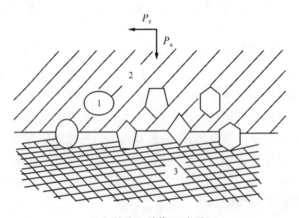

1. 金刚石；2. 胎体；3. 岩石。

图 1-4 孕镶金刚石钻头金刚石颗粒工作示意图

三、破碎岩石机理和钻进参数的基本关系

由上面的分析可知，钻进硬岩、以脆性为主的岩石时，首先发生的是压碎与压入过程；钻进以塑性为主的岩石时，则是切削与微切削过程。当轴向载荷不足时，岩石的破碎可能经历研磨和磨削过程。在使用表镶大颗粒金刚石钻头的情况下，脆性岩石主要以压碎与压入的方式破碎；在使用孕镶金刚石钻头的情况下，则以微压碎、微压入和微切削方式破碎岩石。因此，研究金刚石钻头破碎岩石的机理时，应针对不同性质的岩石、不同类型的钻头以及钻进工艺参数，具体地加以分析和研究。

采用表镶金刚石钻头钻进时，对于中硬岩石，所需钻压不大即可产生体积方式破碎。粗粒金刚石压入岩石的破碎带大，钻头的转速受到金刚石磨损程度以及破碎岩石时间效应因素的影响，不宜太快，否则破碎发育不完全，破碎岩石效果差，导致金刚石的磨损增大。故在中硬岩层中钻进时要提高钻速，主要依靠增大钻压实现破碎。细粒金刚石压入岩石较粗粒金刚石较容易，压入岩石的破碎带小，时间因素影响小，因而要提高钻速则应适当加快钻头的转速，以求单位时间内获得较多的破碎岩石的量，同时应适当控制钻压，保证胎体表面和孔底岩石之间有一定的过水间隙，以利于冷却钻头和排出岩粉。

用表镶金刚石钻头钻进坚硬岩石时,所需钻压大,破碎岩石以疲劳破碎加表面破碎方式为主,因而应采用细粒表镶金刚石钻头。细粒金刚石较易切入岩石,可改变破碎岩石的方式。同时,细粒金刚石的吸热与散热情况良好,热因素对金刚石磨损的影响较小,所以可采用大于粗粒金刚石钻头的转速钻进。

用孕镶金刚石钻头钻进时,金刚石出刃量很低,颗粒细且数量多,具有多刀多刃的效能,破碎岩石以体积方式和疲劳方式为主。同时,细粒金刚石散热快,受热因素影响小;金刚石孕镶于胎体内,耐冲击能力强,工作时钻头运行平稳。为提高破碎岩石效果和钻头使用寿命,应该提高钻头转速,适当控制钻进压力。

第三节　孕镶金刚石钻头磨损机理研究分析

在孕镶金刚石钻头的设计和使用过程中,钻头磨损机理的研究十分重要,但相关研究一直未受到重视。笔者将钻头磨损机理引入金刚石钻头的设计制造中,通过研究孕镶金刚石钻头胎体的磨损机理与磨损程度,分析胎体磨损与胎体性能之间的关系,分析胎体磨损与岩石性质之间的关系,进而研究胎体性能与胎体材料及其优化配合的热压工艺参数间的配合关系。此外,研究钻进工艺参数对钻头磨损的影响规律,探究不同地层和钻进工艺参数对金刚石钻头的性能要求,可为科学设计与合理使用孕镶金刚石钻头提供有力的支持。

一、影响孕镶金刚石钻头磨损的因素

1. 影响胎体磨蚀性的因素

金刚石钻头胎体磨蚀性指钻头胎体在钻进条件下抵抗磨损的性能。含金刚石的钻头胎体端面和岩石之间的磨损包括黏合磨损和磨粒磨损,即金刚石钻头胎体表面在与孔底岩石接触而相互摩擦时,多数情况下只在微凸体,即出露的金刚石上接触。由于局部应力集中,在金刚石和岩石表面接触处出现压碎、切削或塑性流动,这是黏合磨损的过程。岩粉随着金刚石刻取岩石而不断产生,它存在于胎体和岩石表面之间,岩粉即磨粒。在钻进过程中磨粒与胎体表面作用,产生高应力的碾碎式擦伤,这属于磨粒磨损。整个金刚石钻头钻进过程中,常称胎体、岩石、磨粒之间的磨损为三体磨粒磨损。

金刚石钻头胎体抗冲蚀磨损性比常用的胎体磨蚀性更能准确地反映钻头胎体在孔底磨损的真实情况。胎体抗冲蚀磨损性指钻头在孔底钻进时,在具有一定流动速度的冲洗液条件下,胎体抵抗冲洗液所携带的岩粉对钻头胎体进行冲蚀磨损的能力,是更能够反映胎体磨损量的指标。但是,金刚石钻进时的冲洗液的流量和流速均不是很大,所携带的岩粉对钻头的冲蚀磨损作用有限,而叠加了岩粉的磨粒磨损作用之后,对钻头胎体的冲蚀磨损作用就变得明显了。因而,冲蚀磨损性能够全面反映钻进过程中孕镶金刚石钻头的磨损情况。

2. 岩石物理力学性质的影响

胎体磨蚀程度受岩粉的冲蚀磨损影响,而岩粉的冲蚀性从本质上反映了岩石的研磨能

力,其数值与所钻岩石的矿物含量,特别是硬矿物(如石英、长石)的含量、岩粉粒度及其形状、冲洗液的流速、冲洗液中岩粉含量等因素直接相关。其中影响最明显的因素是岩石中的硬矿物含量、岩粉粒度及其形状这3个因素。

由试验可知,冲蚀磨损实际上是胎体受到具有动能的磨粒作用产生的磨损,在此情况下,磨粒作用于胎体表面,其动能转变为塑性变形功,产生表面压痕或微剪切,在表面上挤压出层状剥落物,切削出微小体积的胎体。冲蚀时,磨粒以一定的初速度对钻头胎体表面进行摩擦,它移动一段距离,切削一定深度,磨去微小体积的胎体,最终以较低速度离开胎体表面,在胎体表面留下小小的擦痕。众多的磨粒连续不断地切削胎体形成了众多小的沟槽,钻头胎体因磨蚀而失重,即胎体受冲蚀磨损(图1-5)。岩石越硬,即岩粉越硬,岩粉颗粒形状越不规则,对钻头胎体的冲蚀磨损就会越严重。

金刚石钻头胎体被冲蚀磨损的孔底过程如图1-5所示,基本过程如下。

(1)金刚石钻头上的金刚石出刃高度为 H,与岩石相接触切入岩石(深度为 h_1),由此在胎体与孔底岩石间产生了岩粉垫。

(2)金刚石不断地破碎岩石,所产生的岩粉在冲洗液携带下对钻头胎体产生冲蚀研磨作用,使胎体不断被磨损。确切地说钻头胎体与孔底岩石之间有一微小的过水断面,高度为 h_2,该高度内形成的区域称为漫流区,胎体的磨蚀主要是胎体材料与存在于间隙(高度为 h_2)中的岩粉作用的结果。岩粉的粒径一般小于此间隙值,岩粉在此间隙中,在具有一定流速的冲洗液带动下冲蚀磨损胎体。

(3)在金刚石的前刃部位产生的岩粉粒径较大、数量较多,在高度为 h_2 的间隙中产生的岩粉粒径较小,对钻头胎体的相应部位的磨损较严重;而金刚石的后部胎体支撑,同样受到岩粉颗粒的冲蚀磨损,只是这部分的间隙较大,冲洗液的流速较低,岩粉浓度亦较低,对胎体的磨损相对较小,但仍然会冲蚀磨损胎体,减小胎体对金刚石的包镶强度。

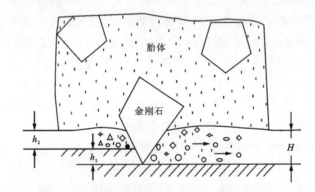

图1-5 胎体被冲蚀磨损的孔底过程

通过分析实验获得的资料,总结出以下两个影响冲蚀磨损性的主要因素。①岩石中石英含量。石英是主要造岩矿物之一,又是最常见的硬矿物之一,它的含量多少直接影响钻进时所形成岩粉的冲蚀磨损性,二者关系如图1-6所示。由图1-6可知,冲蚀磨损性与岩石中石英含量几乎呈线性关系。②岩粉粒度。在钻进过程中,由于岩性不同,钻进参数和钻头的性能不同，所产生的岩粉粒度是有区别的，由此所产生的岩粉对钻头胎体的磨损程度必然不同。图1-7显示了岩粉粒度与钻头胎体冲蚀磨损的关系。由图1-7可知，随着岩粉粒度减小，岩粉的冲蚀磨损性减弱。当岩粉粒度小至120～160目[1目指1in²（25.4mm×25.4mm）筛网上所具有的网孔个数为1，目数越多，每个网孔的直径越小]时，岩粉粒度的变化对岩粉冲蚀磨损性影响大为减弱；相反岩粉粒度在120～160目之间时岩粉粒度的变化对岩粉冲蚀磨损性影响较大。不同岩性的岩粉冲蚀磨损性与岩粉粒度之间的关系曲线相似，变化的趋势基本相同。当然，粒度相同的不同岩性的岩粉，其冲蚀磨损性是不同的，岩石硬度高的岩粉冲蚀磨损性强。图1-7中石英岩的冲蚀磨损性最强，石灰岩的冲蚀磨损性最弱。

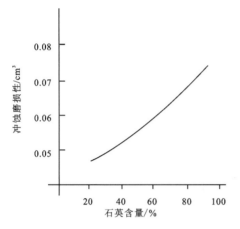

图1-6 石英含量与冲蚀磨损性关系

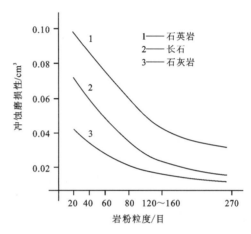

图1-7 岩粉粒度与冲蚀磨损性关系

3. 钻头胎体性能的影响因素

1）胎体中硬质点的含量

由室内试验和生产实践可知，胎体抗冲蚀磨损性随胎体中碳化钨（WC）等硬质点含量的增加而增强，但硬质点含量超过70%后抗冲蚀磨损性开始下降。这说明并不是硬质点含量愈高胎体的抗冲蚀磨损性就愈强，需要有适量的黏结金属包镶硬质点，或者通过提高热压参数，实现超常热压融合，否则硬质点很快被冲蚀剥离，胎体的抗冲蚀磨损性下降。

由此可知，孕镶金刚石钻头的胎体性能对胎体抗冲蚀磨损性的影响明显，胎体中既要有含量合理的硬质点，以提高钻头的耐磨性，又要有适量的黏结金属等胎体材料和合理的热压工艺参数。只有使孕镶钻头胎体具备良好的抗冲蚀磨损性，才能达到高效、长寿命的钻进效果。

2）胎体中金刚石的参数

为保证胎体有足够的抗冲蚀磨损性，应设计好胎体中金刚石的浓度。钻进实践表明，在一定范围内随着金刚石浓度的升高，胎体抗冲蚀磨损性增强，两者基本呈线性关系。但百分比浓度增大到115%后，抗冲蚀磨损性开始减弱，且减弱速度很快，这个拐点可认为是金刚石浓度最高极值点。孕镶金刚石钻头的研究和使用经验也充分证明了这一事实。

金刚石的粒度对钻头胎体的抗冲蚀磨损性会产生影响,金刚石粒度增大,所产生的岩粉粒度将增大,粗粒岩粉对金刚石钻头胎体的磨蚀程度将增加。

3)胎体性能

钻头胎体性能由胎体成分和优化配合的热压参数确定。采用抗冲蚀磨损性高的黏结金属可提高胎体的抗冲蚀磨损性,反之亦然。常用几种黏结金属为镍基合金、锌白铜、663-Cu以及紫铜等。其中镍基合金的抗冲蚀磨损性最强,而紫铜的抗冲蚀磨损性最弱,这主要由黏结金属的成分所决定。孕镶金刚石钻头胎体中很少采用锌白铜作为黏结金属。孕镶金刚石钻头中常用的黏结金属有663-Cu、Cu-Sn10以及镍-锰-铜合金等,其抗冲蚀磨损性不同,直接影响胎体的抗冲蚀磨损性,影响孕镶金刚石钻头的性能和钻进效果。可依据岩性与钻头性能需要选定合适的黏结金属。

钻头胎体的硬度与耐磨性等力学性能,对胎体抗冲蚀磨损性的影响明显。作者试验了两种性能的钻头,钻头胎体试件的硬度(HRC)分别为25和30,在MPx-2000A型摩擦磨损试验机上测试(以下均相同),其平均磨损量分别约为220mg、180mg,耐磨性属于中等偏高。这表明钻头胎体的硬度与抗冲蚀磨损性是一致的,硬度高的胎体其磨损量较小,即抗冲蚀磨损性较强。

胎体较软的钻头,其耐磨性较低,在相同钻进条件下其胎体的磨损量较大,金刚石出刃较高,切入岩石较深,产生的岩粉颗粒较粗,岩粉量较多,形状不规则的岩粉增多,且粒径相差明显。在该条件下钻进的钻头抗冲蚀磨损性较弱,钻头磨损快。

采用硬度(HRC)为30的钻头钻进,对于相同岩石,由于钻头的硬度较高,其耐磨性较高,金刚石的出刃较低,产生的岩粉粒度较小,以粒状为主,且颗粒较均匀,钻进过程中岩石与钻头胎体的接触面大,接触均匀,在钻头胎体较硬的条件下,钻头胎体的磨损量必然较小,表现出钻头的耐磨性较高,但钻速可能较慢。

由以上分析可知,胎体硬度不同,其耐磨性不同,即钻头胎体的抗冲蚀磨损性不同,在相同钻进条件下金刚石的出刃量不同,对钻进效果的影响不同;反过来,胎体的硬度将影响金刚石钻头胎体的磨损效果,影响金刚石的出刃量,直接影响孕镶金刚石钻头对岩石的适应性和钻进效果。

通过对这两种硬度不同的钻头在钻进磨蚀后进行测试可以发现,胎体硬度高的磨损量小,其耐磨性较高。分析其原因,钻头胎体的硬度大,岩粉锥入胎体表面难度较大,含有岩粉的冲洗液对胎体的冲蚀磨损作用较小,胎体的耐磨性必然较高。尽管钻头的使用寿命较长,但钻速却较慢,两者较难兼顾。

4. 钻进工艺参数的影响

室内钻进试验在试验台上进行,试验台如图1-8所示。该试验台为全液压钻机,配备液压动力头无级调速钻进,配备水泵提供冲洗液,用于冷却和排出岩粉。

钻进工艺参数主要指钻头转速、钻进压力和洗井液量。经过多轮试验、研究与分析,可以得出以下几点认识。

(1)钻头的转速越快,破碎岩石的效率越高,单位时间内产生的岩粉量越大,对金刚石钻

图 1-8　室内钻进试验台

头胎体的磨蚀程度必然增大。因此,钻头的转速应根据岩石性质选择,并非都要采用高转速参数。

(2)钻进压力越大,金刚石切入岩石的深度越大,岩石以体积方式破碎的概率提高,于是岩粉的颗粒变粗,且形状不规则颗粒数量增多,对胎体的磨蚀程度必然会增加。

(3)洗井液量增加,其流速必然加快,所携带的岩粉对钻头胎体的冲蚀磨损性程度随之增加,钻头底唇面的岩粉更新速度加快,钻头的抗冲蚀磨损性必然降低。

利用室内钻进试验台,作者研究了钻进工艺参数对钻头胎体磨蚀性的影响,试验研究中采用的二长花岗岩,可钻性为Ⅷ级,属于塑脆性岩石。孕镶金刚石钻头的硬度(HRC)为24,孕镶的金刚石粒度为30/40目,金刚石浓度百分比为85%。作者试制了规格为ϕ75mm的单管金刚石钻头,采用不同的钻进压力进行对比试验,钻进压力分别为9.5kN和8.5kN,钻头转速和洗井液量相同,获得的钻速分别为1.90m/h和2.15m/h,钻进试验所得到的岩屑如图1-9所示。

(a)钻进压力为9.5kN所获得岩屑　　(b)钻进压力为8.5kN所获得岩屑

图 1-9　钻进参数对效果的影响

图 1-9(a)中的岩屑颗粒明显较粗,岩屑形状不均匀,出现了长条形,这是钻进压力为 9.5kN 时钻进切削下来的岩屑颗粒。这表明钻进压力大,金刚石切入岩石较深,实现了体积方式破碎岩石。经过对钻头胎体表面显微观察可知,其表面比较粗糙。而图 1-9(b)中的岩屑颗粒较细,颗粒形状较均匀,是钻进压力为 8.5kN 时切削下来的岩粉颗粒。这表明钻进压力较小时,金刚石切入岩石深度较浅,没有完全实现大体积方式破碎岩石,岩屑较细,颗粒较均匀,对钻头胎体的磨蚀程度较轻,经显微观察可知,其钻头胎体表面比较平整、细腻。

二、研究胎体磨蚀性的方法

1. 胎体试件耐磨蚀性试验

在孕镶金刚石钻头胎体磨损量的研究与检测室内试验中采用 8.5mm×8.5mm×15mm 的摩擦磨损试样,磨损试验前后试样形貌见图 1-10。对试样进行表面预处理,在 MPx-2000A 型摩擦磨损试验机上进行测试。试验参数:压力为 30N,试样转速为 300r/min,对磨时间为 5min,试样回转半径为 4cm,对磨材料为 80 目白色碳化硅砂轮,加清水冷却。

(a)试样磨蚀前　　　　　　　　　　　　(b)试样磨蚀后

图 1-10　试样磨蚀前后的形貌

2. 钻头胎体摩擦磨损机理分析

图 1-11(a)是硬度(HRC)为 25 的试样在试验条件下所得的显微磨蚀形貌,图 1-11(b)是硬度(HRC)为 30 的试样在试验条件下所得的显微磨蚀形貌。图 1-11(a)中试样的摩擦磨损痕迹较明显,磨痕深且宽,磨痕多,表明其耐磨蚀性较低。而图 1-11(b)中试样的摩擦磨损痕迹相对较少,磨痕浅且较均匀,说明其耐磨蚀性较高。试验结果表明,在摩擦磨损试验条件下,胎体试样的硬度与耐磨蚀性变化趋势相一致,对试样的磨蚀性的影响明显。同时表明,钻头胎体的磨蚀性与胎体材料、试验参数、对磨材料都有密切关系。因而在实际钻进过程中,钻头的抗冲蚀磨损性与岩石性质和钻进参数密切相关。

由图 1-11 可知,试验条件相同,被磨体的硬度与耐磨蚀性不同。图 1-11(a)中试样的磨痕较深、较粗,而图 1-11(b)中试样的磨痕较浅、较均匀。这与钻头胎体试样的硬度与耐磨蚀性不同有直接关系,两者形成明显对比,这是典型的磨粒磨损所产生的现象与特征。同时,在较为平滑的胎体表面区域,还存在着较浅的层状剥离结构,这是典型的黏合磨损现象与特征。

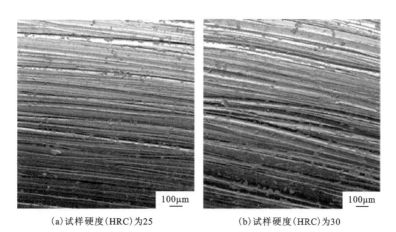

(a)试样硬度(HRC)为25　　　　(b)试样硬度(HRC)为30

图1-11　试验参数对钻头抗冲蚀磨损性的影响

胎体的硬度不同,胎体的磨损形貌相似,磨痕形貌以平行于摩擦方向的犁沟形貌为主。添加不同浓度WC的钻头胎体的硬度不同,但磨损形貌相似,磨痕形貌以平行于摩擦方向的犁沟形貌为主。在FJT-A1预合金粉胎体中,加入WC的胎体磨损形貌中犁沟深度变浅,剥落坑数量也变少,反映在粗糙度R_a值上,即R_a值随加入WC量的升高而下降,磨损机理以磨粒磨损为主,伴随着少量表面疲劳磨损。由于WC的存在增大了胎体的硬度,提高了耐磨蚀性,因而在摩擦磨损过程中产生的磨粒和磨痕都有所减少。磨痕最大轮廓波峰高度R_z表征的是摩擦表面形貌上最高点的高度,WC的加入使胎体硬度增大,耐磨蚀性提高,磨粒压入深度必然减小,R_z值减小,磨痕变得较浅、较均匀。

同时,耐磨蚀性与所钻进岩石的物理力学性质密切相关。岩石的硬度高,含硬矿物多且颗粒粗糙,其研磨性必然强,对相同性能的钻头胎体的磨损大,金刚石钻头的耐磨蚀性低。在这种条件下,金刚石钻头的出刃条件会变好,金刚石的出刃将升高,钻头的钻进时效将得到提高。由此可知,孕镶金刚石钻头的耐磨性和钻进时效具有矛盾性,两者较难兼顾。因此,研究孕镶金刚石钻头胎体的磨蚀性不仅是研制孕镶金刚石钻头的需要,也是钻探现场的现实需要。

本次试验主要是在室内摩擦磨损试验台上进行的,与钻进实况有所区别,特别是钻进洗井液流量与流速均很小,其影响不明显,因而对冲蚀磨损性的影响较小,难以获得更多的相关信息与资料。但是,目前所获得的相关信息具有实用参考价值是毋庸置疑的。

第二章 孕镶金刚石钻头的结构

孕镶金刚石钻头的结构对钻头的性能和钻进效果会产生显著的影响,它与钻头的胎体性能同等重要。钻头的结构包括钻头底唇面结构和工作层内部结构,其中工作层内部结构更为重要。同时,钻头结构还应包括钻头的水路系统结构和保径层结构等。

第一节 孕镶金刚石钻头底唇面结构

钻探工程逐步朝着深部发展,孔底岩石处于三维应力条件下,增大了岩石的破碎难度;或者当钻进坚硬致密的岩石时,要提高破碎岩石的效果,必须使孔底岩石呈现多自由面的状态,以分环、分别方式破碎孔底岩石,从而提高钻头的单位钻进压力。这些都是设计孕镶金刚石钻头结构的基本依据。

目前钻探市场出现的阶梯环槽式钻头,同心圆齿钻头,轮齿型钻头,轮齿环槽型钻头,内、外刃齿钻头,单、双刃齿钻头和直角梯形齿钻头等,都不同程度地具备上述的特点。这些钻头在钻进过程中能够形成较多的自由面,孔底岩石以分环方式得以破碎,配合设计合理的钻头胎体性能,选择合理的钻进工艺参数,破碎岩石的效率较高,受到用户的肯定。

虽然常规孕镶金刚石钻头的底唇面结构类型很多,工作层却都局限于深度为3～5mm的浅部,在经过了几个回次的钻进后,钻头基本上因钻进磨损而逐步被磨平,变成普通平底型钻头,原有的钻头结构优势就不复存在了。

金刚石钻头底唇部结构造型设计的主要依据是岩石的物理力学性质,有以下几项基本原则。

(1)要提供一定的镶嵌面积。

钻头的胎体为金刚石提供不同的镶嵌面积。若镶嵌面积增加,则金刚石嵌入量随之增加,在使用过程中钻头压力也随之发生变化。对具有一定口径的表镶钻头而言,若每粒金刚石上承受的"比钻压"(每粒金刚石的压力)不变,就必须提高总钻压;或者通过降低"比钻压",使总钻压保持不变。对于孕镶金刚石钻头而言,若镶嵌面积增加,则适当提高总钻压较为合理。不同底唇面造型,其镶嵌面积各异。

(2)要使钻头保持尽可能高的稳定性。

金刚石钻头是钻柱最下端的一个重要的组合元件,在高速回转状态下,将产生一种抖动力。因此,钻头的回转稳定性直接关系到全钻柱的动平衡性,即在高转速下钻柱的稳定性。钻头稳定对减振和防斜起重要作用,设计时要从以下两个方面考虑提高钻头的稳定性。

①增加钻头侧刃高度。当增加侧刃高度,扩大面积时,单位面积承受的水平作用力(即抖动力)降低,从而减小钻头横向振动力的影响,相应提高了钻头稳定性。反之,侧刃高度较低,则钻头稳定性就较差。②改善底唇面造型。a.释放底唇面应力。以平底式唇面为例,钻头在钻压与高转速作用下,处于最外缘的金刚石承受着较高转速、过大压力和扭力。尽管可以予以补强,但外刃承受的应力过大,仍难免过早磨损。同时,内刃承担着修整岩芯的重任,也会在早期被磨损,其后果是使平底式唇面逐渐过渡到半平式,即 $R=W$,半径等于宽度;半圆式,即 $R=(0.6\sim0.8)W$;全圆式,即 $R=0.5W$。内、外刃金刚石沿过渡圆弧均匀分布,钻压不至于集中在一排或一个条带状的内、外刃上,更有利于释放应力,延长钻头寿命,使稳定性得到提高。即使是导向式或阶梯式钻头的棱部也须倒成一定圆弧。b.底唇部制成超前刃式。具有超前刃的钻头底唇部不仅能创造自由切削面,而且能提高钻头的稳定性,从而提高钻速和岩芯采取率,防止孔斜。超前刃式的金刚石钻头有3类:导向式钻头、阶梯式钻头、双锥式钻头。双锥式钻头是一种高稳定性钻头,防止孔斜效果良好,但钻速稍低。

(3)适当增加"自由切削面",改善破岩机理,以提高钻速。

适当地增加底唇部自由面,可提高破碎岩石的效果,延长钻头的使用寿命。不适当地增加自由面,有时会缩短钻头的使用寿命,但在需要提高钻速的情况下,可增加自由切削面。

特别需要指出的是,在坚硬岩层中增加"自由切削面"和"挤压破碎区",效果尤为显著。例如,尖环槽形、尖齿交错形和尖环槽阶梯形唇面,在破岩过程中,尖端开槽(即自由切削面),用以研磨破碎,尖齿侧面则将挤夹在尖齿之间的残余岩石挤压破碎。所以,尖齿形钻头唇面的破岩机理是研磨与机械破碎共存,这类钻头很有发展前景。

同样,在软塑性岩层中,受地层压力和泥浆液柱压力作用,岩层发生变形导致钻速降低,此时增加"自由切削面"则能提高钻进效率。

(4)改善金刚石分布状态和补强内、外刃和侧刃,能显著提高钻头寿命。

(5)要具有一定的防斜或必要时的造斜效果。

金刚石钻头在钻进过程中,首先要稳定性好才能使钻孔保直,如导向式唇面具有导正作用,尤为显著的是尖齿环槽式唇面,其尖齿端部切入地层,创出自由面,减少了钻头横向抖动频次,钻出的钻孔垂直度好。

受控定向钻探要求钻头的轴线偏离钻孔的轴线,按一定顶角和方位角的方向钻进。若要求钻头具有一定的造斜强度,则须设计成特殊的钻头唇面,如短外保径的凹形定向钻头唇面等。

常见的金刚石钻头底唇面结构及特点如表 2-1 所示。孕镶金刚石钻头底唇面的结构是设计孕镶金刚石钻头时必须加以考虑的,如同心圆尖齿钻头,其尖齿在钻进过程中某一时间段起到了提高钻头钻进效果的作用,但是当其同心圆尖齿被磨平后,钻头变成了普通平底型钻头,其原来高效钻进优势就逐步消失,因此设计人员必须改变设计思路,不能只考虑钻头底唇面结构。

例如:环槽轮齿形金刚石钻头本身的轮齿强度就很低,加上设计了两道环槽,导致其强度进一步降低,齿高等于或大于 12mm,不仅抗弯强度不足,更重要的是在热压时,压力较难传递到齿的顶部,可能造成齿的强度与密度均不达标,难以达到原设计的目标。这是该类型的钻头常常出现崩齿和钻头使用寿命较短的主要原因。

表 2-1　常见金刚石钻头底唇面结构及特点

序号	底唇面造型	名称	特点	序号	底唇面造型	名称	特点
1	$R=(0.6\sim 0.8)W$	半圆式唇面	一种标准设计的钻头底唇面,用于多种双管。唇面造型节约金刚石,内、外刃强,钻压分布合理,内、外刃应力不会过大,钻进中硬、硬碎岩层	2	$R=0.5W$	全圆式唇面	唇面呈一半圆形,边刃金刚石沿过渡圆弧分布,有助于应力释放,钻压不至于集中在一排刃上,内、外刃镶嵌牢固,钻进中硬岩层
3		尖复合齿形唇面	具有该结构底唇面的同心圆复合式尖槽孕镶金刚石钻头,是一种新发展的取芯钻头。稳定性高,钻进时效高,始终维持同心圆齿形,普适性好,钻进中硬—硬、致密岩层效果好	4		尖齿交错形唇面	具有尖齿交错形唇面的孕镶钻头,在钻进塑性地层时有切削作用,在钻进硬地层时有挤压破碎作用,适用于软硬互层钻探,效率高
5		内外胎体交错式唇面	与孔底接触面积小,易获得较高的单位钻压,对部分岩石有挤压作用,用于孕镶钻头,钻进完整的硬—坚硬岩层	6		掏槽式交错唇面	具有该结构底唇面钻头的应用条件与具有交错形唇面钻头相同,其特点是具有超前掏槽底唇面,可提高钻速,适合钻进硬—坚硬岩层
7		宽导向式唇面	钻头稳定性良好,减少振动,阶梯面成弧形,有利于排粉。钻硬碎地层有足够强度,寿命长,超前刃既有利于提高钻速,又有利于取芯	8		造斜唇面	较大的内锥角,外圆弧半径较大,用于定向钻进造斜的全面钻头,可制造成表镶也可制造成孕镶钻头
9		底喷唇面	可用于制造表镶和孕镶钻头,防止冲洗液冲刷岩(矿)芯,提高取芯率	10		内阶梯式唇面	用于反循环连续取芯钻头,对外环状有良好隔水作用,对内有诱导冲洗液进入内管的作用

第二节　孕镶金刚石钻头工作层内部结构

孕镶金刚石钻头工作层内部结构应该成为研究的重点,因为它对提高钻头对岩石的适应性和钻进综合指标会产生积极的影响,其重要性不亚于钻头的胎体性能。例如,普通同心圆齿金刚石钻头与岩石的接触面积小,钻压比值高,钻进效率高,但其齿高只有3～5mm,一般在钻进几个回次后尖齿就会被磨平,变成普通平底型钻头,此时钻头的优势就不复存在了。

研究者由此研制了自磨出刃同心圆齿钻头。这是一种很有发展前途的钻头,它的工作层由含金刚石工作层和不含金刚石(或含浓度较低、品级较差的金刚石或其他人造超硬材料,且胎体较软)工作层相间组合而成。

自磨出刃同心圆齿钻头,含金刚石主工作层的设计与普通金刚石钻头工作层设计基本相同,不含金刚石辅助工作层的设计则是关键。它的设计内容包括层宽和该层材料的类型、组成成分与性能,将直接影响钻头的使用效果。这类钻头的制造成本并不高,钻头以微切削与微剪切方式加机械力(即钻具振动力)和冲洗液冲蚀的综合作用破碎岩石,钻进效果好,对岩层的适应性好,目前得到了普遍的推广应用。

例如,具有含助磨体的自锐式结构、磨锐式结构、分层非均质结构、金刚石烧结体结构、复合扇形体结构、3D打印复杂结构等的孕镶金刚石钻头,都是很有研究与应用价值的钻头。同时,胎体中添加不同的添加剂,弱化或强化胎体性能,也是一种改变胎体内部均质结构的方式,它能改变钻头破碎岩石的方式和钻进性能,都很有研究、开发价值与推广应用前景。对各种类型的孕镶金刚石钻头工作层内部结构,将在介绍钻头类型时详细分析和研究。

热压孕镶金刚石钻头胎体的内部结构对钻头的性能和钻进效果会产生显著的影响,其重要性不亚于钻头的胎体性能。钻头的结构包括钻头底唇面的结构,更重要的是工作层内部的结构,同时还包括钻头的水路系统结构和保径层结构等。

设计热压孕镶金刚石钻头结构的指导思想是改变钻头与孔底岩石的全面、平面式接触状态,改变以磨削或研磨为主的破碎岩石的方式,改变钻头破碎岩石的机理,实现分环、分别方式与体积方式破碎岩石。钻头在钻进过程中能够形成众多的破碎穴或破碎槽,可利用这些破碎穴与破碎槽,以体积方式破碎孔底岩石。同时,利用在钻进过程中钻具的复合振动和冲洗液的冲蚀作用,综合各种方式与优势共同破碎岩石。这种结构的钻头,在钻进过程中所产生的岩粉粒度较粗,有利于磨损钻头胎体,从而提高金刚石的出刃效果。

自磨出刃热压孕镶金刚石钻头是一种分层复合型结构的钻头,关键技术是各层的规格以及各层的胎体材料与性能的优化配合。以ϕ101mm抽芯钻头为例,其工作层由3层含金刚石主工作层和2层不含金刚石的隔层组合而成,该结构贯穿钻头整个工作层。隔层的厚度是影响钻头性能的关键因素之一,隔层宽度在1.2～1.6mm之间。隔层的力学性能应比主工作层低一个等级,必须另外设计,这样才能确保主工作层破碎岩石的效率高,辅助隔层得到相应磨损,从而优化配合,发挥辅助破碎岩石的作用。

辅助隔层的规格与性能设计合理与否,要根据钻头磨损后槽的宽度与深度判断,必要时应该进行调整。依据辅助隔层的性能和磨损情况,必要时可以加一定数量的辅助磨料,辅助磨料包括低品级金刚石、白刚玉和碳化硅等,多数情况下可以不加辅助磨料。

不同结构的钻头包含分层复合型钻头、含助磨体钻头、复合体镶焊式钻头以及组合扇形体金刚石钻头等。这些结构的热压孕镶金刚石钻头均能明显提高钻进效率,提高钻头对岩层的适应性,确保钻头获得较长的使用寿命。

在设计钻头结构时,研究者不能忽视水口的数量与结构参数设计。水口的主要功能是及时排出岩粉和有效冷却钻头;但水口还有其他功能,如调整钻头与岩石的接触面积,达到调整钻头对岩石的适应性和钻速的目的。一般水口的宽度为5~6mm,但是若要提高钻速,在钻头胎体配方与参数不变的情况下,可以将水口加宽至7~8mm,以达到提高钻速和适应岩层的目的。

第三节　孕镶金刚石钻头保径结构

一、保径结构与材料

保径金刚石在胎体中的位置可根据岩层的研磨性、钻孔性质与钻进工况进行调整。针对强研磨性岩层,保径聚晶体可插入金刚石工作层中一部分,以增强金刚石工作层的耐磨性,见图2-1(a);针对中等研磨性岩层,保径聚晶体可放置在金刚石工作层之上,见图2-1(b);针对坚硬致密岩层,保径聚晶体可放置在金刚石工作层以上并距离工作层一定距离,以防聚晶体参与刻取岩石,降低钻速,见图2-1(c)。

孕镶金刚石钻头的保径材料有不同的种类,如各种规格的聚晶体、单晶金刚石以及硬质合金等。硬质合金的耐磨性较低,尽管其成本低,现在也极少采用了。采用人造金刚石时必须用粗颗粒的,且定位有一定难度,成本高。目前普遍采用的保径材料是圆柱状聚晶体,其规格为:直径为2.0mm与2.5mm,高度不低于4.5mm。这类材料的保径效果好且成本低。

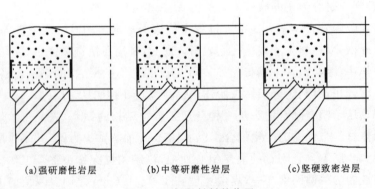

(a)强研磨性岩层　　(b)中等研磨性岩层　　(c)坚硬致密岩层

图2-1　保径材料的位置

热压钻头保径十分重要,保径结构对于钻进效率和钻头使用寿命都会产生影响。从发展趋势来看,钻头保径材料有以下几种:①聚晶体和粗粒人造单晶混合保径材料;②天然金刚石或粗粒人造单晶金刚石保径材料;③碎聚晶体保径材料;④热稳定性聚晶体(圆柱状或方柱状)保径材料。

保径材料的种类和数量,应该依据钻孔的性质、岩石完整度和研磨性不同而有一定差异。其中粗粒天然金刚石保径效果最好,但成本最高。硬质合金保径效果最差,但成本最低,对钻进效果影响大。聚晶体保径效果虽然好,成本居中,但如果设计与制作效果不好,会影响钻进效率。采用热稳定性聚晶体与粗粒人造单晶混合保径效果比较理想,既能够兼顾钻头使用寿命,又能够使钻头具有较好的扩孔保径效果,但是其成本较高。

采用不同的保径材料和保径方法制造的钻头,可以适应不同的岩石和钻孔条件,得到保径效果和钻进效率俱佳的结果。应注意,对于深部钻探和绳索取芯钻探,钻头的保径效果显得尤为重要。保径效果最好的结构如图2-2所示,即热稳定性聚晶体和人造粗粒金刚石联合保径,共同作用以延长钻头的使用寿命。人造粗粒金刚石保径效果好,但成本较高(图2-3)。图2-4为碎聚晶体保径结构示意图,图2-5为聚晶体保径结构示意图。上述几种保径材料与结构各有优势,可以依据岩层、钻孔状况等不同钻进工况选择。

金刚石钻头的保径结构很重要,若结构不合理会影响钻头的质量,缩短钻头的使用寿命,也会影响钻头的钻进效率。其中必须引起注意的是:在工作层中应该有意识地加强内、外径的强度。对于热压钻头,常常由于装料时,钻头的内、外径部位的金刚石定位有一定难度,分布具有一定的随机性,缺乏专门的装模保径措施,造成工作层内、外径部位薄弱,影响保径效果;或在工作层与保径层的交界处形成微型台阶,消耗钻压,影响钻进效果。

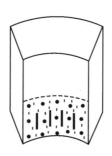 

图2-2 聚晶体与人造粗粒金刚石保径结构示意图

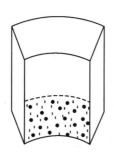 

图2-3 人造粗粒金刚石保径结构示意图

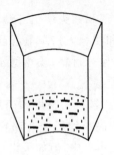 

图 2-4 碎聚晶体保径结构示意图

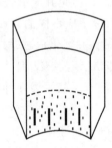 

图 2-5 聚晶体保径结构示意图

二、钻头的水路设计

钻头的水路同样很重要，它对于提高水马力和钻进效率，有效冷却钻头和及时排出孔底岩粉起着关键性的作用，对调整钻头性能与对岩层的适应性也可以起到积极的作用。水路设计的基本原则是以较多水口数和较窄水口为基本思路，而不宜采用水口数量少和水口宽度大的思路。设计思路有以下几种：①钻头水口较窄、水口较多，意味着扇形工作块的面积较小，对钻头的冷却和排出岩粉有利，钻头钻进比较平稳，磨损均匀，钻进效率较高；②钻头水口少、水口较宽，意味着相应的扇形工作块较长，较容易出现局部（靠近扇形体的中后部位）烧钻现象，同时容易引起钻进不平稳问题，影响钻头的使用寿命；③钻头的水口如果少而宽，还可能造成钻具振动，尽管钻进效率会提高，但有可能诱发孔内断钻杆事故；④钻进中硬—硬岩层时，对于直径为 75mm 的钻头，建议水口数为 8～10 个、水口宽度以 4～5mm 为宜；⑤而对于钻进硬—坚硬致密岩层，则应采用较宽水口的设计方案，如水口宽度为 6～8mm，减小工作体的面积，以提高单位钻进压力，达到提高钻速目的。

水口的形状有许多种，如螺旋形水口、斜水口、底喷形水口等，但几乎都是矩形等断面形状。现在普遍采用的矩形水口虽设计不够合理，但因加工方便而得到了普遍的应用。在水口设计过程中，最好采用梯形水口，梯形水口的宽底与窄底之比和钻头的内外径之比成比例，可以起到均衡磨损胎体的作用，能够间接起到提高钻进效率的作用，同时对内径有较好的保径效果。

因此，水口的规格会影响钻速和钻头的使用寿命，调整水口的规格可以适当调节钻头对岩石的适应性。钻头的水路参数受岩石性质的影响，应该依据岩石性质对水路参数进行设计,这样才能获得好的钻进指标。

金刚石钻头的水路还包括在钻头底唇面形成的漫流区。漫流区的大小对金刚石钻头的冷却是十分重要的。对于表镶金刚石钻头,漫流区的大小主要由粗粒天然金刚石的粒度所决定,出现烧钻的概率很低。但对于孕镶金刚石钻头,漫流区的大小则不仅受金刚石粒度、胎体耐磨性、金刚石出刃效果和扇形工作体大小的影响,还要受钻进压力的影响,即切入岩石深度的影响。孕镶金刚石钻头之所以较易出现烧钻和胎体慢烧的现象,就是因为孕镶金刚石钻头的漫流区大小受多种因素的影响,很难保证漫流区能够有效存在和洗井液的流通。

第三章 孕镶金刚石钻头性能设计

金刚石钻头的性能、岩石的性质以及钻进工艺参数,是金刚石钻头科学设计、合理选型和正确使用系统工程中的3个要素。

第一节 岩石的物理力学性质

岩石的力学性质主要指岩石的压入硬度、研磨性、抗剪强度、塑脆性等。岩石的物理(自然)性质主要指岩石的完整程度、孔隙度、含水性与遇水性。同时,对岩石的破碎机理、破碎过程与钻头磨损也应当予以充分重视。岩石破碎机理涉及岩石力学性质,涉及钻头的结构以及金刚石的参数。破碎岩石时所采用的钻进方法及其工艺参数也可用于指导孕镶金刚石钻头性能与结构参数的优化设计。

岩石可钻性及其分级是基于岩石的物理力学性质,并结合钻进方法和钻进指标而制订,清楚地表明了岩石的物理力学性质的重要性。岩石的可钻性既是设计金刚石钻头性能和制订钻进规程参数的基础与依据,也是金刚石钻头选型的重要依据,还是选定钻进方法和制订钻探生产定额的依据。因此,岩石的物理力学性质是科学设计钻头、合理选择钻头和正确使用钻头的重要基础与依据,是研制孕镶金刚石钻头时十分重要的研究内容。

一、岩石的自然性质

岩石的自然性质,是岩石在生成过程、构造变动和风化过程中自然形成的特性。岩石的自然性质主要有以下几项。

1. 岩石的密度和孔隙度

岩石的密度和孔隙度取决于岩石的成因类型、物质成分和结构构造特征,同时也与岩石埋藏深度有关。在一般情况下,岩石密度愈大,它的强度也愈大;孔隙度愈大,则岩石的强度愈小。因而,岩石的密度与孔隙度会直接影响钻探工程的进程,直接影响钻探经济技术指标。

2. 岩石的含水性和透水性

岩石的含水性一般可用其含水量的多少来表示。岩石中水的含量称为含水量(或湿度)。这里所说的含水量指自由水的含量,即在110℃前可排出而不破坏岩石结构的那部分水。岩石的含水性和透水性对于钻探工程会产生一定的影响,对于利用和开发地下水资源产生积极的影响。

二、岩石的力学性质

岩石的力学性质是岩石在外力作用下表现出来的特性,主要有强度特性、变形特性和表面特性,主要包括以下几项。

1. 岩石强度

岩石强度是岩石在载荷作用下抵抗破坏的能力。岩石在被破坏前所能承受的最大载荷称为极限载荷,单位面积上的极限载荷称为极限强度。岩石强度的单位是 Pa(帕)或 MPa(兆帕)。岩石的强度对于钻探工程的安全会产生显著的影响,强度高的岩石所形成的孔壁稳定,孔内事故会明显减少。

2. 岩石压入硬度

岩石压入硬度是岩石抵抗其他物体刻画或局部压入其表面的能力,其单位是 Pa(帕)或 MPa(兆帕)。硬度与抗压强度有一定联系,但也有很大的差别。岩石硬度由岩石表面的局部对另一物体压入时的阻力来衡量,而岩石强度由岩石整体破碎时的阻力来衡量,因此不能把岩石的单轴抗压强度作为岩石硬度的指标。

对于钻进工作来说,岩石的压入硬度比单轴抗压强度更具有实际意义,因为出刃的金刚石对孔底岩石的破碎方式基本都是局部压入与剪切,故岩石硬度指标更能反映金刚石钻头钻进碎岩的实际情况和难易程度。

需要说明的是,应把组成岩石的矿物颗粒的硬度和岩石的组合硬度区分开来,前者主要对钻头在钻进过程中的磨损有影响,而后者主要影响钻进时的碎岩速度。

3. 岩石的摆球硬度

岩石的硬度依据测试方法不同而有不同的硬度表示方式和硬度值,如研磨硬度、压入硬度以及摆球硬度等。

这 3 项硬度对于钻头破碎岩石都具有直接的影响与意义。特别是摆球硬度仪测量的摆球硬度值,具有动载荷性质,而孕镶金刚石钻头钻进的过程是动载荷不断作用的过程,因而可以用于指导冲击回转钻进方法及其参数的设计,用以指导钻进工艺参数的制订;同时摆球硬度值也是制订岩石可钻性及其级别划分的主要依据之一。

4. 岩石的弹性、塑性和脆性

外力作用于岩石时,岩石发生变形,随着载荷不断增加,变形也不断发展,最终导致岩石破坏。变形和破坏处于载荷作用下岩石性能变化的两个不同阶段。

岩石的变形可能有两种情况:一种是外力撤除后岩石的外形和尺寸完全恢复原状,这种变形称为弹性变形或可逆变形;另一种是外力撤除后岩石的外形和尺寸不能完全恢复而产生残留变形,这种情况称为塑性变形或不可逆变形。

岩石从变形到破坏可能有 3 种形式。如果岩石破坏前实际上不存在任何不可逆的变形,则这种破坏称为脆性破坏,呈脆性破坏的岩石称为脆性岩石;如果岩石破坏前发生大量的不可逆变形,则这种破坏形式称为塑性破坏,呈塑性破坏的岩石称为塑性岩石;如果先经历弹性变形,然后经历塑性变形,最终导致破坏,则岩石的这种破坏形式称为塑脆性破坏,呈塑脆性破坏的岩石称为塑脆性岩石。

多数造岩矿物属于理想的脆性体,其应力与应变关系遵守胡克定律,当应力达到弹性极限时就开始破坏。多数矿物只有在各向均受高压的情况下才表现为塑脆性体;深部岩层多呈现塑脆性质,只是塑性与脆性不同而已。

岩石是不同矿物组成的集合体。由于矿物成分和结构方面的特点不同,造成岩石变形不均匀,所以岩石的应力和应变之间的关系要比均质物体复杂得多,在一般情况下不符合胡克定律。

不同性质的岩石,其破碎方式不相同。因而,钻进方法、钻进工艺参数和钻头结构与钻头性能的选择应不完全相同,必须具有针对性才能取得好的钻进效果。

第二节　热压孕镶金刚石钻头胎体性能

热压又称为加压烧结,即在加热的同时加压。热压是将压制和烧结两个工序一并完成,可以在较低压力和温度条件下迅速获得冷压等其他方法所达不到的密度和性能。从这个意义上说,热压也是一种活化烧结。原则上,凡是用一般方法能制得的金属粉末零件,都适用于用热压方法制造,热压方法尤其适用于制造以难熔金属及其化合物等材料为原料的工具。

一、热压金刚石钻头概述

热压金刚石钻头的研制涉及钻头的胎体性能、热压工艺参数以及钻头结构等主要内容。热压孕镶金刚石钻头是将不同胎体材料按设计好的比例混合,并在胎体的工作层中混入一定浓度与粒度的金刚石,装入石墨模腔内,在升温烧结过程中,同时加压,按照一定的烧结工艺流程制成的。其加热方式将用低压大电流通过钻头钢体及胎体,以模具的阻抗生热,同时用油压机加压,这就是电阻热压炉的工作原理。电阻热压炉是我国使用较早并较为成功的一种设备,目前多用于制造小规格的孕镶金刚石钻头、金刚石锯片刀头以及各类磨具。现在多采用智能中频感应电炉加热,即把石墨模具置于感应线圈中,使石墨模具因感应涡流而生热,同时利用油压机加压,达到热与压并举的效果。这是一种较为先进的设备,生产效率高,制成的孕镶金刚石钻头质量稳定。

热压烧结法有别于浸渍方法,主要体现在黏结金属必须制成微细的粉料,与其他胎体材料混合均匀。它可利用不同份额的骨架金属,不同成分的两类黏结金属以及不同的热压工艺与参数来调节胎体的性能。通常使用的骨架金属材料为 WC(W_2C)、YG8(YG12),软质黏结金属有 663-Cu 合金粉及 Cu-Sn 合金粉等。铁粉、镍粉、锰粉、钛粉、铬粉、钴粉等属于硬质黏结金属,能同时起到骨架材料的作用。单质金属粉胎体种类很多,其主要成分及含量范围如下:WC 与 YG 类合金粉,含量为 20%～60%;663-Cu 合金粉,含量为 24%～40%;钴粉,含量为 3%～5%;镍粉,含量为 5%～12%;锰粉,含量为 2%～5%,在需要时可添加一定含量的铁粉、铬粉等。

预合金粉胎体是基于单质金属粉胎体成分设计,成分与配比基本相近,但由于是预合金粉,其特性发生了质的变化,所以钻头表现出的性能会有较大的改变。如耐磨性提高了,金刚石出刃效果变好了,耐磨性与金刚石出刃可以得到较好的兼顾,热压参数的适用范围扩大了。

单质金属粉胎体和预合金粉胎体的烧结工艺及参数有较明显的区别,表现为预合金粉胎体的烧结温度稍低,压力稍大,保温时间二者基本相当;烧结温度和烧结时的压力虽有不同的配合,但存在优化配合。热压温度在热压工艺中起基础作用,压力起保障作用。

预合金粉胎体钻头的热压工艺参数:一般全压力为 16～18MPa,烧结温度为 920～950℃,保温保压时间为 4.5～5.0min,出炉温度为 780～800℃;出炉后缓慢冷却至室温,脱模。

单质金属粉胎体钻头的热压工艺参数:一般全压力为 16～20MPa,热压温度一般为 950～960℃,硬胎体时最高温度为 980～995℃。烧结工艺中,先行加热不加压,预热到 500℃左右,开始缓慢加压;然后随温度的升高,继续加压,直至达到设定温度与压力后,保温保压 5.0～6.0min,然后断电;钻头随炉冷却至 750～800℃出炉,继续缓冷至室温;退模后得到热压金刚石钻头半成品,经机加工和装饰,即得到热压孕镶金刚石钻头成品。

多年来,研究者们对热压金刚石钻头的性能一直存在不同的看法:一是胎体性能由哪些指标来衡量,二是设计怎样性能的金刚石钻头,三是如何检测与评价这些胎体性能指标,四是如何设计和实现孕镶金刚石钻头的性能。这 4 个问题至今也没有得到完美解决。由此,制订孕镶金刚石钻头的质量标准和对岩石的适应性标准等问题有待尽快解决。

至今能够取得基本一致的看法就是孕镶金刚石钻头的性能由胎体的硬度及耐磨性来表示比较合理和实用。但是对于耐磨性又存在以下问题:一是对耐磨性的指标和检测仪器没有达到完全统一的认识,二是还没有公认的、适应性好的检测耐磨性的仪器。以致目前只能以孕镶金刚石钻头胎体的硬度作为衡量孕镶金刚石钻头的胎体性能,选择金刚石钻头和设计金刚石钻头的参考指标。

实际上,有研究者曾提出用金刚石钻头的抗冲蚀磨损性作为衡量钻头性能的重要指标,其理由是钻头在钻进过程中,实际上只有金刚石与岩石接触,金刚石只有出刃部分切入岩石,金刚石与岩石以及钻头胎体与岩粉发生摩擦磨损作用,对金刚石钻头产生磨损,对钻头胎体产生冲蚀磨损。但钻头胎体不会、也不应该与孔底岩石直接接触,发生摩擦磨损作用。因此,用带有岩粉的冲洗液冲蚀、磨损胎体,使得胎体磨耗而使金刚石出刃,维持正常而有效的钻进,这种观点比较符合客观实际情况。其实,耐磨性和抗冲蚀磨损性有很好的相关性和一致性,用抗冲蚀磨损性表示孕镶金刚石钻头的耐磨性有科学道理及依据。

设计孕镶金刚石钻头远不是仅仅考虑胎体硬度与耐磨性的问题,它涉及的问题是多方面的。一般来说,只要热压钻头性能的设计基本合理,热压工艺参数与钻头的胎体成分基本相匹配,该钻头就具有一定的适应性和钻进效果。出现钻头使用效果差的原因,主要在于钻头设计缺乏针对性,或钻头的选型不对,或钻进工艺参数、岩石的性质以及钻头的性能三者不相适应、不匹配。这充分说明上述3个要素密切配合的重要性,也说明了普适性能孕镶金刚石钻头研究的必要性。

热压孕镶金刚石钻头的研制主要涉及几个问题:①钻头的胎体性能,要设计钻头的胎体性能必须先了解所钻岩石的性质、钻进方法以及钻进工艺参数;②必须研究实现钻头性能的胎体材料体系及其各成分的配比;③设计与胎体材料优化配合的热压工艺参数;④研究和优化设计钻头的科学结构;⑤研究设计孕镶钻头的金刚石参数。

只要上述几个问题基本解决了,高性能热压孕镶金刚石钻头的研制就有了保障。

二、热压孕镶金刚石钻头胎体性能

影响热压孕镶金刚石钻头性能的因素包括:钻头的胎体性能、钻头的工作层结构、钻头水路系统、金刚石参数等,制造方法及其工艺参数对钻头性能同样有明显的影响。

金刚石钻头的胎体性能是金刚石钻头性能的主体部分,它包括硬度、耐磨性、抗冲蚀磨损性、抗弯强度、抗剪强度、热性能以及实际密度等,其中硬度、耐磨性、抗冲蚀磨损性、实际密度与热性能最重要、最具实用性。

通过研究试验可知,胎体的性能主要由胎体材料的组成成分、含量比以及热压工艺参数所决定。目前,对热压钻头而言,多数金刚石钻头厂都采用单质金属粉作为胎体材料,少数钻头厂商已经在试验与逐步推广将预合金粉作为胎体材料。相比之下,预合金粉具有较大的优越性,有助于稳定和提高钻头质量以及钻进效果。因此应该尽快推广和采用预合金粉制造金刚石钻头的方法。

其实,钻头胎体的硬度、耐磨性与密实度是3个不同的物理量,具有不同的概念。硬度高的物体,一般来说其耐磨性强,密实度高;但耐磨性强的物体,密实度较高,其硬度不一定高;特别是对于含金刚石的钻头胎体更是如此。对于孕镶金刚石钻头来说,更需要研究胎体的耐磨性,研究在钻进条件下胎体磨损和金刚石出刃的内在关联性,同时,也要研究提高胎体实际密度的技术方法。

众所周知,在正常钻进过程中胎体的磨损应适度超前于金刚石磨耗,使金刚石不断出刃和更新,以达到钻头高效率和长寿命的钻进效果。如果钻头胎体偏硬、磨损很慢,则金刚石的出刃效果差或极差,发挥不了金刚石的微切削或微剪切作用,表现为钻速低或极低。相反如果钻头胎体偏软、磨损太快,则造成金刚石的过早脱粒或因金刚石出刃高而崩刃,从而钻头就会较快地失去钻进能力,表现为钻头的寿命短。这就是我们平常所说的钻头胎体性能要与岩石力学性质相适应,并需要钻进参数加以配合与保障,保证胎体包镶金刚石的强度高,胎体略超前磨损和金刚石适时有效出刃,才能取得好的钻进效果。

1. 钻头胎体硬度

孕镶金刚石钻头胎体的硬度反映了胎体抵抗岩粉锥入能力的大小,它是反映钻头胎体性能的主要指标之一;硬度在一定程度上反映了胎体的耐磨性,但又不同于胎体耐磨性。一般硬度高的材料其耐磨性一般较高,而硬度低的材料其耐磨性一般较低,这是金属材料的一般规律。但金刚石钻头却不完全符合这种规律,因为金刚石钻头的硬度和耐磨性不仅与胎体性能、胎体中孕镶的金刚石参数及热压工艺参数有关,还与钻进工艺参数有关。

设计孕镶金刚石钻头胎体硬度应以岩层硬度和研磨性的强弱为基本依据。对于强研磨性地层及硬、脆、碎岩层,由于其研磨性强,必须采用硬度高的胎体;对于硬—坚硬岩层,由于岩石的压入硬度高,必须选择高硬度和高强度的胎体,才能保证足够的钻压,使得金刚石能够有效切入岩石;对于硬而研磨性弱的岩层,应采用较低硬度、较低耐磨性的胎体,以确保胎体合理磨损,金刚石能够有效、适时出刃。孕镶金刚石钻头在钻进过程中的磨损情况如图3-1,图3-2所示。

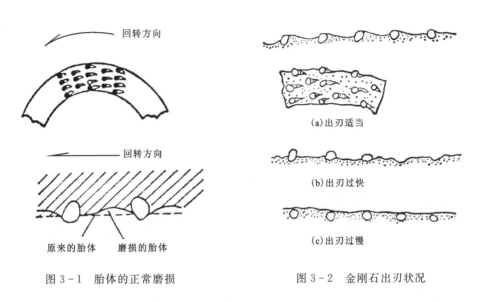

图3-1 胎体的正常磨损　　图3-2 金刚石出刃状况

2. 胎体耐磨性

胎体的耐磨性反映了钻头在钻进条件下抵抗岩粉等磨损的性能。它不仅与胎体成分及其配比有关,与金刚石的参数有关,还与钻进规程参数的作用与影响有密切关系。胎体耐磨性或磨蚀性关系到钻头的使用寿命、钻头对岩层的适应性、金刚石的出刃效果和钻速。从这个角度看,胎体耐磨性比胎体硬度更为重要。

孕镶金刚石钻头胎体性能的级别一般分为4类或5类,对应的硬度与耐磨性也随之分为4类或5类,如表3-1所示。

1) 胎体耐磨性的相关因素

胎体耐磨性与胎体成分密切相关,与钻头结构、金刚石参数、热压工艺参数相关,是多因素的优化设计基础。

对胎体耐磨性的要求,必须依据岩石的研磨性与硬度以及实际钻进要求加以确定,而不是无论什么情况都要求钻头耐磨性高。只单纯追求钻头使用时间长是不完整的思维,不会取得好的钻进经济技术指标,甚至可能适得其反。

对胎体耐磨性的要求与上述对胎体的硬度要求基本相近,凡是针对硬的或坚硬的岩层,只要不是弱研磨性岩层,都要设计和选择耐磨性高的钻头;只有针对弱研磨性岩层,才会选择较低耐磨性的孕镶金刚石钻头。较低耐磨性是为了提高金刚石的出刃效果。

调整硬度和耐磨性的方法很多,如:
(1)改变胎体中硬质材料或黏结金属的含量,如改变 WC、YG8 与铜合金的含量比例;
(2)采用弱化胎体耐磨性方法与材料以降低胎体耐磨性;
(3)合理改变热压的温度与压力;
(4)科学设计工作层的内部结构;等等。

表 3-1 孕镶金刚石钻头胎体的硬度和耐磨性

代号	胎体级别	胎体硬度(HRC)	耐磨性能	适应岩层
1	软	12~20	低	坚硬、弱研磨性岩层
			中	坚硬、中等研磨性岩层
2	中软	22~30	低	硬、弱研磨性岩层
			中	硬、中等研磨性岩层
3	中硬	32~38	中	中硬、中等研磨性岩层
			高	中硬、强研磨性岩层
4	硬	40~45	高	硬、强研磨性岩层
5	特硬	46~50	更高	坚硬、强研磨性岩层或较破碎岩层

2)胎体耐磨性的设计

孕镶金刚石钻头胎体的耐磨性设计,一般的设计原则由所钻岩层的研磨性来确定,针对强研磨性岩层应该设计高耐磨性胎体;中等研磨性地层可设计中等耐磨性胎体;弱研磨性地层可设计低耐磨性胎体。胎体耐磨性按表 3-1 来选择。

这里需要指出,所谓硬—坚硬、弱研磨性岩石,这类岩石实属坚硬致密岩石,造岩矿物颗粒的硬度高,如石英、长石等,实际上研磨性很强。但由于钻进这类岩石的压入硬度高,钻进时效低,单位时间产生的岩粉量少,且岩粉颗粒细,对钻头胎体的磨损很有限,再者钻进压力难以加上,这些情况都会影响钻头胎体磨损和金刚石的出刃效果。而金刚石的出刃难、出刃效果差,钻速就会低,造成岩粉量少,对钻头胎体的磨损就小。如此形成恶性循环,不仅影响了钻进效果,而且影响钻探经济技术指标。孕镶金刚石钻头胎体的耐磨性分类参见表 3-2,作为胎体耐磨性设计的基本依据。

表 3-2 胎体耐磨性分类

岩石研磨性	强	中	弱
胎体耐磨性	高	中	低
耐磨性指标 ML/×10^{-5}	<0.3	0.3~1.0	>1.0

孕镶金刚石钻头胎体的耐磨性与下列因素相关。

(1)胎体耐磨性与胎体成分有关。

胎体中的骨架金属实际是由许多磨粒所组成的,随着胎体中骨架金属(WC、W_2C、YG8、YG12)成分比例及磨粒比例的提高,其耐磨性提高,骨架成分比例低者耐磨性亦低。它们起着调整钻头自锐性或耐磨性的作用。

磨粒粒度为金刚石粒度的1/4～1/3。钻进过程中磨粒从胎体脱离后被破碎并摩擦胎体,保证金刚石恒定地出露。这些磨粒可以均匀地分布在胎体中[图3-3(a)],也可集中在一个专门的耐磨单元中[图3-3(b)和图3-3(c)]。

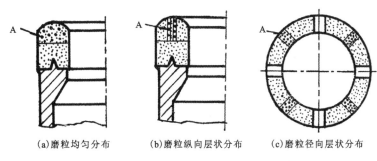

(a)磨粒均匀分布　(b)磨粒纵向层状分布　(c)磨粒径向层状分布

图3-3　磨粒在胎体中的分布状态(A为磨粒)

(2)胎体耐磨性与胎体中骨架材料性质有关。

当骨架金属与黏结金属成分的比例相同时,含有高耐磨性骨架金属(如铸造碳化钨)的胎体耐磨性高,含低耐磨性的骨架金属(如铁粉)的胎体耐磨性低。

(3)胎体耐磨性与胎体中黏结金属成分有关。

胎体中的主要黏结金属为663-Cu合金或Cu-Sn合金,其本身具有较低的耐磨性,663-Cu合金含量多的胎体耐磨性低,含量少的胎体耐磨性高。

(4)胎体耐磨性与铜合金含量的关系。

虽然铜合金含量高,胎体的硬度降低了,但是其耐磨性并没有随之降低,磨损量并没有增加,因为663-Cu合金与Cu-Sn合金的摩擦系数很小,孕镶金刚石钻头胎体与岩石的摩擦系数变小,其胎体的磨损量就会减少。由此可知,金刚石出刃效果并不会变好,这就是软胎体金刚石钻头在钻进"打滑"岩层时的效果并不好的原因之一。

(5)胎体耐磨性与硬度的关系。

①相同的胎体配方,硬度高者耐磨性高;②不同的胎体配方,硬度与耐磨性变化趋势不一定一致。

3)胎体的孔隙度(致密性)

钻头胎体中残存一定量的孔隙,有独立存在于胎体内部并不和外部连通的闭孔,也有借颗粒间的细小间隙相互连通并直接通向外部的开孔,这两种孔隙加在一起的全部孔隙体积与胎体体积的百分比称为孔隙度。胎体中有孔隙之处,即是岩粉的突破口,由此处逐渐扩大冲蚀的范围,可加快胎体的冲蚀磨损。因此孔隙度大的胎体抗冲蚀磨损性明显减小,耐磨性也较低,故设计强研磨性岩层所用孕镶金刚石钻头胎体时应选择孔隙度尽量小的胎体,确保金刚石不会在早期脱落。设计"打滑"岩层用钻头时可适当选择有一定孔隙度的胎体以利于金刚石出刃。下面列举中等硬度、中等磨蚀性胎体的孔隙度与抗冲蚀磨损性的关系(表3-3)。

表3-3 中等磨蚀性胎体孔隙度与抗冲蚀磨损性的关系

孔隙度/%	23.89	18.92	15.66	10.24
抗冲蚀磨损性/$(1 \cdot cm^{-3})$	4.6	6.6	7.4	12.2

胎体抗冲蚀磨损性设计程序,即以岩石性质—岩粉冲蚀性—胎体抗冲蚀磨损性顺序展开试验研究。胎体抗冲蚀磨损性是胎体的主要特性,设计钻头时还应考虑胎体强度、包镶金刚石的性能等。若在钻进某些岩层时通过改变胎体性能不能取得较好的效果,应采用改变钻头胎体的结构形状与参数,使之有效地破碎岩石。

改变胎体抗冲蚀磨损性的途径很多,例如:

(1)改变胎体中骨架金属成分,可采用碳化钨、铸造碳化钨、硬质合金粉、金属陶瓷、铁粉、钨粉等不同金属材料;

(2)改变骨架金属与黏结金属的比例;

(3)改变胎体中黏结金属成分,可采用锰白铜合金粉、663-Cu合金粉以及铜、镍、钴、锰等金属粉末;

(4)改变烧结工艺,调整温度、压力以及采用复烧、复压技术等;

(5)选用不同制造方法,如热压法、冷浸法、无压浸渍法、电镀法、超常热压法、激光选区烧结(selective laser sintering,SLS)技术成型方法等。

4)弱化胎体耐磨性

坚硬致密岩层是一类十分难钻进的岩层,俗称"打滑"岩层,石英岩就是一种典型的坚硬致密岩石。钻进这类岩层的机械钻速极低,而钻头磨损却很小,致使金刚石难以从胎体中出刃,金刚石钻头出现打滑现象,钻进时效低。

钻进中出现打滑现象,主要原因是钻头性能与所钻的岩石不相适应,矛盾的主要方面在于钻头。很长时间以来,在钻进坚硬致密岩层时多采用人工出刃方法,即对金刚石钻头采取物理或化学方法使金刚石出刃,以提高钻速。这些方法虽然在一定程度上能够提高钻速,但钻进回次长度仍然很短,一般为1~2m;同时由于采用人工出刃方法,必然要消耗胎体,会大大缩短钻头的使用寿命,增加钻探成本。因此,人工出刃方法只是暂时性的、迫不得已的方法。

如果只选用低硬度胎体,胎体不能有效包镶金刚石,使钻压不能有效传递给金刚石,导致金刚石不能有效切入岩石,金刚石不能实现对孔底岩石的有效压入和破碎。同时,低硬度的胎体往往铜合金含量高,虽然此时胎体的耐磨性有所下降,但铜合金的摩擦系数小,胎体磨蚀性下降,金刚石仍然不容易出刃。

坚硬致密岩层之所以难以钻进,其本质还在于钻进时效极低,造成岩粉量少且岩粉颗粒微细,对胎体的磨损甚微;若钻进坚硬致密岩层时采用高钻压,综合作用的结果是金刚石必然钝化,钻头可能很快失去正常的工作能力。

钻进坚硬致密岩层时钻头打滑只是一种现象,实际上是钻头的性能与岩石的性质不相适应,因此可以说没有"打滑"的岩层,只有"打滑"的钻头,这表明研究新结构与新性能的钻头很有必要。

(1) 设计思路。

在钻进坚硬致密岩层时,仅仅依靠传统的降低钻头胎体硬度的方法很难取得令人满意的效果,必须设计合理的钻头结构和添加合适的材料使得胎体的耐磨性下降或弱化,使钻头的性能与钻进的岩层相适应,达到提高钻进效果的目的。

这里可以用"弱化"这个词来表示这类钻头的设计思路。在金刚石钻头钻进过程中,需要胎体能够不断超前磨损,金刚石才能不断出刃与更新,在胎体耐磨性得到一定弱化的条件下,才能保持较快且恒定的钻速。

研究与实践都表明,钻头胎体的耐磨性是直接影响钻头钻速和使用寿命的性能参数。降低钻头胎体的耐磨性,使得钻头胎体的磨损量增大,钻头易于被磨损,金刚石较好出刃并维持较理想的出刃高度,使得单位时间内钻头的进尺增大。如果钻头胎体能够牢固地包镶金刚石,且能够以所要求的速度磨损,则随着金刚石出刃高度的提高和金刚石对胎体的保护作用的加强,在钻进较多的进尺后,其磨损量相对降低,解决了钻速与磨损量之间的矛盾,也就解决了钻速与钻头使用寿命难以兼顾的问题。

同时,胎体的性能要与金刚石的质量相配合。胎体的性能优良,包镶金刚石的强度高,且金刚石的出刃效果也不错,但金刚石的质量低下,即使出刃效果好也不能维持较长的钻进时间,不会取得好的钻进效果。

如果孕镶金刚石钻头胎体的耐磨性被弱化,但仍维持对金刚石的良好包镶,则钻头可能取得好的钻进效果。弱化钻头胎体耐磨性主要从添加辅助材料着手,在实践中影响钻头胎体耐磨性的因素还包括钻头的结构、胎体力学性能、胎体的孔隙度、包镶金刚石的牢固度等。

钻头的结构设计思路是在保证胎体的抗弯强度前提下,减小钻头胎体与孔底岩石的接触面积;要在保证胎体强度的条件下,降低胎体的耐磨性。例如:加大孕镶金刚石钻头的水口规格或增加水口数量,都可以改变钻头的工作性能,改变孕镶金刚石钻头的钻进效果。

(2) 辅助材料。

在粉末冶金微孔材料中,有一些材料可作为造孔剂使用,可以达到提高材料孔隙度的目的。在采用粉末冶金热压方法制造金刚石钻头的过程中,可以利用这些材料的造孔能力,提高钻头胎体的孔隙率,降低或弱化胎体的耐磨性,达到提高金刚石钻头的自锐能力和钻速的目的。不过,用于金刚石钻头中的造孔材料与用于粉末冶金微孔材料中的造孔材料不完全相同。

造孔辅助材料应该具有一定的硬度与耐磨性,抗压强度不能太高;在钻头的制造过程中,与胎体材料不能发生物化反应;要求均匀分布在工作层胎体中。在钻进过程中,受复合振动力和冲洗液冲蚀的共同作用,辅助材料易于破碎并离开钻头胎体,在钻头底唇面上留下孔穴。能够满足这些要求的材料有氧化铝空心球、碳基复合材料、微型玻璃空心球及氯化铵等,这些材料都可用作热压金刚石钻头的造孔材料,它们可以使金刚石钻头的胎体在钻进过程中产生一定的孔隙,能够降低或弱化胎体的耐磨性,提高钻头的自锐能力,进而提高钻头在坚硬致密岩层中的钻进效果。

(3) 制粒技术的应用。

制粒的目的是使得金刚石在钻头胎体中分布均匀,在热压过程中提高孔隙度,或在钻进过程中降低或弱化胎体的耐磨性,提高金刚石出刃效果和钻进效率。制粒技术主要包括以下几种。

第一种为黏结金属铜合金制粒。采用制粒机,制出铜合金颗粒。制粒后的铜合金在热压烧结过程中处于液相或者熔融状态,通过熔浸、流动等机制向周围扩散,原来所占据的位置便形成孔隙、微空洞。这种具有微孔隙的胎体,其耐磨性必定会被弱化。

必须依据岩石条件和钻进工况要求,设计铜合金制粒后的颗粒大小和加入的颗粒数量,达到最佳的性能要求。铜合金制粒的大小一般设计为 60～100 目,加入的浓度为 25％～35％,可以依据实际要求和钻头设计予以合理调整。

第二种为金刚石制粒。金刚石制粒指在金刚石表面裹敷一层金属材料,其目的是降低金刚石在胎体中的包镶强度,使金刚石比较容易出刃与更新,达到提高钻速的目的。

金刚石制粒的材料,不能选择与金刚石发生化学反应的金属材料,且要求硬度与熔点高,热压过程中不发生变形,一般选择 WC 等硬质颗粒材料比较合适。当然,还可以选用某些陶瓷金属材料,其硬度高、熔点高,在热压条件下不易发生变形,且成本较低。

采用金刚石制粒技术,一般要依据岩石条件和工况要求,设计制粒金刚石的质量、金刚石粒度和金刚石加入的数量,以控制钻速、钻头的使用寿命和钻探成本。制粒所用的金刚石的质量不用太好,一般中等质量即可。如果钻头破碎岩石同时依靠制粒的金刚石,那么胎体中金刚石的浓度与设计浓度相同,金刚石的质量为钻头设计中采用的金刚石的质量。

第三种为碳素材料制粒。将碳素材料与相应的黏结剂结合,通过制粒方法制成粗颗粒;或采用单纯的粗颗粒碳素材料(石墨粉等亦可),加入胎体中,不仅可以起到调整胎体耐磨性的作用,还可以起到减磨的作用。碳素颗粒的粒度一般为 60/80 目即可,粒度越粗对钻头胎体的磨损影响越明显,碳素颗粒浓度一般取体积浓度的 10％～20％。粒度与浓度可以依据钻进需要合理设计与适当调整。

5) 胎体抗冲蚀磨损性

胎体抗冲蚀磨损性比常用的胎体硬度更能准确地反映钻头胎体在孔底磨损的真实情况。所谓胎体的抗冲蚀磨损性是钻头在孔底钻进时,在合理的钻进规程条件以及岩粉与冲洗液共同作用下,衡量胎体磨损量的主要指标之一。

胎体的抗冲蚀磨损性与岩石中硬质矿物的含量有关,与岩粉的粒度、含量和流速(冲洗液的流量与压力)有关;同时与胎体力学性能以及金刚石的粒度、浓度也直接相关。

目前测量胎体抗冲蚀磨损性的方法还不成熟,还没有研制出行业内公认的正规设备,中国地质大学(武汉)研制了一种检测仪器,但其测量结果的精度不高,受限条件较多。这是抗冲蚀磨损性不被重视和在衡量钻头胎体磨损情况方面没有得到推广应用的重要原因之一。

3. 钻头胎体的热性能

胎体的热性能指胎体的线膨胀特性和导热性能。通过对胎体、钢体和石墨进行线膨胀系数的测定,可以为合理设计石墨模具提供准确的依据,可以考察胎体与钢体的连接强度,以及胎体对金刚石的包镶特性。

胎体的线膨胀系数应尽可能接近钢体的线膨胀系数,以防在烧结过程中,因胎体与钢体的热膨胀而产生内应力,影响胎体与钢体之间的连接强度,使钻头在钻进过程中发生胎体脱落或掉块。

选择具有合适线膨胀系数的胎体,使胎体的线膨胀系数与金刚石线膨胀系数之间有合理的差值,该值是影响胎体对金刚石包镶力的主要因素之一(胎体线膨胀系数近似于收缩系数)。包镶力是胎体在烧结过程的后期,冷却阶段所形成的收缩力。包镶力与胎体和金刚石两者的线膨胀系数之差成正比,但并非胎体与金刚石之间的线膨胀系数相差越大越好。包镶力越大,作用于金刚石的内应力越大。钻头使用过程中在钻压作用下产生的内应力过大,可能导致金刚石很快破碎,所以包镶力应有一个优化值范围。

胎体的热性能直接影响胎体对金刚石的包镶牢固性,影响钻头的耐磨性和使用寿命。一般来说,我们希望胎体包镶金刚石的牢固度高,金刚石不易脱粒,钻头的耐磨性高。但是,如果孕镶金刚石钻头性能与岩石不匹配,可能出现钻头的自锐性差,金刚石不能及时出刃与更新,钻速变慢等问题。因此,不能在任何情况下都要求包镶金刚石的强度高和钻头耐磨性强,设计针对"打滑"岩层钻头就是一个很好的例证。金刚石磨耗到一定程度基本失去工作能力后,就应该脱开胎体,后续的金刚石在胎体适量磨损后才能够适时出刃,使得金刚石钻头自锐。

以上所提到的胎体性能,主要针对孕镶金刚石钻头而言。表镶金刚石钻头的胎体性能要求相对来说低一些,因为表镶钻头的金刚石颗粒比较粗,它的出刃较高,出刃高度基本不变,而且不存在自磨出刃的问题。胎体的性能受岩石性质的影响和制约很小,表镶钻头的胎体硬度(HRC)一般选择 40 或更高一些,磨损量选择 125mg 以下,就能基本满足钻进要求。

Fe、Ni、Co 可以作为触媒材料合成金刚石,因为其晶体结构相近。钻头的胎体材料多选用 Fe、Ni、Co 金属或含 Fe、Co、Ni 的预合金粉,有利的一面是对包镶金刚石有利,不利的一面是有可能对金刚石产生一定的热腐蚀作用。

4. 研究胎体性能的必要性

由上述可知,之所以要研究胎体的性能,是因为具有普适性能钻头尚未问世前,特定性质的岩石需要特定性能的钻头去适应,才能取得好的钻进效果,这是延续到现在的基本认识。因此,必须研制 3~5 种不同性能的孕镶金刚石钻头,才能满足地壳中多种岩层的钻进需要。

目前,普适性孕镶金刚石钻头可以说还没有问世,但是具有普适性能的钻头已经开始进入钻探市场。所谓普适性能钻头指一种性能的钻头能够较好地钻进多种性质的岩石,这就需要钻头具有良好的性能(主要指胎体性能、钻头结构、金刚石参数与热压工艺参数等)。由此可知,在普适性能钻头尚未大范围推广应用前,针对不同的岩性和钻进工况研究胎体性能或调整胎体性能的必要性是明显的,能够为研究普适性孕镶金刚石钻头奠定良好的基础。

第三节　热压金刚石钻头胎体材料

一、基本情况

目前,不少厂商都开始采用超细预合金粉作为金刚石钻头的胎体材料。这是因为预合金粉有很多优势:配方简单且易于调整,胎体成分分布均匀,钻头性能稳定且易于调控,热压参数应用范围广。预合金粉胎体配方的设计可以以所使用过的单质金属粉胎体材料为基础,合理选择预合金粉的类型。例如:以铁-镍-铜基预合金粉为主,配合适量的硬质合金粉和铜合金粉,就能满足要求。一般采用4~6种预合金粉即可满足钻头的性能设计要求。

胎体性能的研究应该摆脱过去凭经验设计或者采用增减胎体成分或含量的方法,否则不仅试验周期长,而且难以实现优化。有很多试验研究方法可以采用,例如:混料回归试验设计方法和方开泰有约束配方均匀设计方法都是比较实用的方法。这些方法可以在选定预合金粉材料的基础上,通过试验得出多种性能及其所对应的胎体材料优化组合;可以依据岩石性质,合理选择其中一种优化配方制造金刚石钻头,取得好的钻进效果。只有在保证胎体材料性能与热压工艺参数优化配合的前提下,才能依据钻头的使用情况和岩性的较大变化需要调整钻头性能,才能适当调整胎体配方和工艺参数。

孕镶金刚石钻头胎体性能的研究试验不仅仅局限于采用上述的基本试验方法,还把这种方法与胎体性能的测试和分析密切结合起来,与岩石的物理力学性质的分析和检测密切结合起来,最后建立起胎体力学性能与岩石力学性质的内在联系,用于指导热压金刚石钻头的设计和钻头性能的改进与提高,才能收到好的实际效果。

目前,还缺乏具有良好检测效果的检测仪器设备,用于检测胎体性能与岩石力学性质,这使得科学设计胎体性能、提高钻头的普适性能受到较大影响。在金刚石钻头设计过程中,绝大部分研究者都采用胎体硬度作为基本依据,以 HRC 或 HRB 表示。在此建议把胎体的实际密度作为胎体设计的又一个基本依据,这是十分必要的。实际密度便于检测,且检测数据可靠,实用性强。

孕镶金刚石钻头的胎体硬度(HRC)多在15~45之间,能够基本满足钻进常见岩石的需要。其中,设计与选择钻头的前提是要了解所钻岩石的性质、钻进工艺参数、钻头的使用效果。这样所设计和选择的钻头才能达到理想的钻进效果。

二、胎体材料组成及作用

1. 胎体材料成分

胎体材料分两大类:单质金属粉胎体材料和预合金粉胎体材料。

不论金刚石钻头的胎体材料是单质金属粉还是预合金粉,即使胎体材料的基本类型和基本组成相同或相近,钻头质量和适应性也可能不同,因为其影响因素不仅仅包括钻头胎体材料的性能,更重要的是受这些材料的组配以及与之配合的热压工艺参数是否相适应、是否实现了优化的影响,同时影响因素还包括钻头结构、金刚石参数等。

无论是单质金属粉胎体还是预合金粉胎体,其基本组成材料都可分为三大类:第一类是骨架材料,如 WC(W_2C)、YG8(YG12)等;第二类是铁、镍、钴、锰、铬等金属材料,可作为硬质黏结材料,兼有骨架材料的特点与作用以及黏结金属的作用;第三类是软质黏结金属材料,如 663 - Cu 合金、Cu - Sn10(Cu - Sn15)以及 Cu - Re 等铜合金粉。在设计孕镶金刚石钻头时,胎体材料由这三大类基本材料组合而成。

预合金粉胎体材料,多数由第二类材料与铜所组合成的含铜的预合金粉,如 Fe - Cu - Ni、Fe - Cu - Mn、Cu - Co - Sn、FAM - 2120、FAM - 2140 等。也有不含铜的预合金粉胎体材料,如 FAM - 1020、FAM - 1012 以及 FAM - 3010 等预合金粉材料。骨架材料有 YG8(YG12)与 WC(W_2C),但含量偏低,在设计配方和制造工艺参数时要加以科学的设计与试验研究。

预合金粉具有两个特点:一是各组分在材料中分布均匀,胎体性能稳定,而单质金属粉尽管经过了球磨混料,依然很难实现各组分的均匀分布;二是预合金粉多以铁、钴、镍、锰等金属与铜进行不同组合,形成合金后材料的性能发生了变化,对金刚石的热腐蚀作用变小,而铁、钴、镍、锰等的作用基本不会变。同时,胎体中的金刚石出刃效果变好,金刚石钻头的质量随即得到了提升。

在设计孕镶金刚石钻头性能的过程中,一定要了解清楚预合金粉的组分、含量比以及物理力学性质,了解清楚单质金属粉的物理力学性质,才能合理设计配方及热压工艺参数。

2. 各成分的作用

孕镶金刚石钻头胎体性能主要受胎体材料的影响,要提高胎体的硬度与耐磨性,必须在胎体中加入 WC(W_2C)或 YG8(YG12)一类的硬质耐磨材料;随着 WC(W_2C)与 YG8(YG12)等硬质材料含量的增加,钻头胎体的硬度与耐磨性随之提高。胎体中硬质耐磨材料的含量一般可以增加到 60% 或更高,而随着硬质骨架材料 WC(W_2C)与 YG8(YG12)含量的降低,胎体的硬度与耐磨性亦将随之降低。

WC(W_2C)和 YG8(YG12)同为预合金材料,与 YG8(YG12)相比,WC(W_2C)的硬度稍高,耐磨性稍强,但是 YG8(YG12)与金刚石的亲和性高于 WC(W_2C),价格稍高于 WC(W_2C),而且 YG8(YG12)与胎体中其他金属材料的亲和性都高于 WC(W_2C)。

除了骨架材料以及胎体成分中的镍、钴、锰、铁、铬之外,稀土等金属材料以及硼、硅、磷等非金属材料对钻头性能也起着重要的作用。加入这些元素并调整其含量,可以起到调节胎体性能和提高包镶金刚石强度的作用。硼、硅、磷等材料由于加入的量较少,都是以与合金粉末混合的形式加入,如制成 Fe - B、Fe - P、Cu - P、Cu - Re 以及 FJT - 01、FJT - 06、FJT - 07 等预合金粉。

铁、镍、钴等金属由于对 WC(W_2C)与 YG8(YG12)的浸润性较好,与铜合金粉的互熔效果好,对金刚石的浸润性亦好,因此可以用于调节胎体的硬度与耐磨性,用于调节胎体的综合机械性能和胎体包镶金刚石的强度。铁、镍、钴在高温条件下,会对金刚石产生一定的热腐蚀作用,影响其原始强度,其中以铁的影响最大。但实验表明只要热压规程参数掌握得好,这种热腐蚀作用是很小的。甚至还有资料表明,有限的热腐蚀有可能提高胎体包镶金刚石的强度。当包含铁、镍、钴金属的预合金粉作为胎体材料时,在高温、高压条件下对金刚石的热腐蚀几乎可以忽略不计。

铁、镍、钴属于同一族元素,具有相似的性质,与金刚石的亲和性好,能够提高胎体对金刚石的包镶强度和胎体的综合机械强度、硬度与耐磨性,其中镍和钴的效果最好,铁的效果较差,但镍、钴的价格高。

铁可以作为胎体的骨架材料使用,即铁基胎体。铁基胎体的硬度较低,其耐磨性亦较低,钻进过程中要掌握好钻进参数才能取得好的钻进效果。制备铁基胎体时,还要选择好与铁搭配的其他金属材料,才能取得好的效果。

金属锰既可以与铁、钴、镍等金属共同作用,起到调节胎体综合机械性能的作用,还可以与铜合金反应,增强铜合金的综合强度,起到调节胎体硬度与耐磨性的作用。但是,锰的加入量一般不超过5%,以免胎体脆性增大,导致钻头胎体出现裂纹。锰含量过高,还可能出现黏模现象,增加孕镶金刚石钻头的制造成本。

胎体材料中还有一类重要材料——铜合金黏结材料。一般条件下,胎体材料中不能没有黏结金属材料,只是黏结金属材料的含量不同。一般来说,较软的胎体中黏结金属含量较高,胎体的硬度与耐磨性较低;而较硬的胎体中黏结金属的含量较低,胎体的硬度与耐磨性较高。因此,黏结金属除了有牢固黏结其他胎体材料和金刚石的作用外,还具有调节钻头性能的作用。铜合金的用量可以达到40%左右,但也可以低至25%甚至更低,理论计算表明可以低至18%左右。

对于铜合金黏结材料,可以有多种选择。比较常用的材料有663-Cu合金,还有Cu-Sn10、Cu-Sn15、Fe-Cu30、Cu-Re等。除了Fe-Cu30外,其他几种黏结金属的性能相近,其硬度与耐磨性相差不大。它们可以单独使用,也可以配合使用。锡含量高的铜合金,其硬度稍高,对金刚石的黏结性较好,但其脆性稍大。663-Cu合金的硬度与Cu-Sn10相近,但耐磨性稍高一点。可以依据岩石性质对钻头胎体性能进行设计,合理使用铜合金黏结材料。

黏结金属还可以采用铜-稀土合金粉,再配合适量的锡与锌等材料。这种黏结金属可以依据钻进岩层性质,自由组合,满足钻进的需要。在相同组分与含量的情况下,由单质金属粉制成胎体的硬度与耐磨性比预合金粉胎体的稍低,包镶金刚石的能力稍差,但金刚石的出刃效果可能稍好。

上述是各种常用胎体材料的属性以及配合使用的基本思路,可以应用于预合金粉类型选择与胎体性能的设计中。值得注意的是,多金属预合金粉性能好于单金属粉性能之和。

第四章　热压金刚石钻头制造

孕镶金刚石钻头研制过程中的影响因素诸多,如钻头模具设计、钻头钢体设计、钻头结构设计、胎体性能设计及热压参数优化设计等,主要包含以下几大部分内容:

(1)石墨模具与钢体的设计、加工与验收;
(2)金刚石钻头胎体性能与胎体材料的设计研究;
(3)金刚石钻头制造工艺参数与胎体材料优化配合的设计研究;
(4)金刚石钻头的结构及其参数设计研究;
(5)金刚石参数的设计研究。

以上几个主要方面的设计研究,不是截然分开的,而是有其内在的联系。胎体性能要以胎体材料为基础,以优化配合的热压工艺参数作保障;胎体材料会影响石墨模具的设计;石墨模具的材质、性能与公差会影响钻头钢体的设计;等等。

图4-1展示的是大陆科学钻探工程中使用的3种孕镶金刚石钻头,3种特殊结构的孕镶金刚石钻头各具特色,性能优良,在冲击回转钻进中取得了良好的钻进效果。钻头的规格为$\phi 157/95mm$,3种钻头的结构各具鲜明特色。图4-1左边的钻头为电镀方法制造的孕镶金刚石钻头,其特别的保径层采用无压浸渍方法制造,由中国地质科学院探矿工艺研究所研制。图4-1中间的钻头为热压方法制造,在其保径规设计中,普通保径层的上部比普通热压

图4-1　大陆科学钻探用的孕镶金刚石钻头

钻头多了一层微粉金刚石保径规,保径效果优良,由桂林金刚石工业有限公司制造。图4-1右边钻头为镶嵌式热压金刚石钻头,该钻头的高保径规采用无压浸渍法预制,孕镶金刚石齿采用热压方法预制好之后,镶嵌在钻头钢体预先铣好的槽内而形成二次成型热压孕镶金刚石钻头,由中国地质调查局北京探矿工程研究所制造。这3种孕镶金刚石钻头,为大陆科学钻探工程作出了积极贡献。

第一节　常用石墨模具和钢体的设计

热压金刚石钻头在组装模具过程中,主要受芯模、底模、钢体以及胎体材料等的影响,在常温条件下通过机械配合,容易达到要求。但是,在高温、高压条件下,不同胎体材料的热膨胀系数不同,膨胀量必然不同。如果石墨模具设计时预留的间隙不合理,热压过程中膨胀量大的钢体有可能会撑裂模具,出现裂模现象,必然造成热压钻头报废,制造钻头成本增大。因此,各组件间的间隙配合十分重要。

由于胎体材料不同,热压工艺参数存在区别,石墨模具材料有一定差别,钢体的加工精度不完全相同,造成钻头钢体与模具的配合存在一定差别,严重时可能出现热压时裂模的现象。石墨模具与钻头钢体的配合公差不是一成不变的,故对于钻头钢体尺寸与公差有一定的要求。一般可以通过计算方法设计孕镶金刚石钻头的热压石墨模具和钢体,但是,在胎体配方一定、热压参数基本相同时,可以依据积累的经验,设计钻头钢体和石墨模具及其配合公差。如果为了防止裂模,可以把钢体与石墨模具的配合公差加大一些,这样虽然解决了裂模问题,但是孕镶金刚石钻头的保径效果会变差,孕镶金刚石钻头的使用寿命必然缩短。一般情况下,常用规格的孕镶金刚石钻头可以采用以下的公差配合。

(1)$\phi 59mm$ 系列钻头。以钻头的胎体最大外径 D 为基本尺寸标准,以此作为底模的内径值,而后确定钢体的外径 D_1,$D_1=D-0.60mm$。

以钻头的胎体内径最小值 d 为基本尺寸标准,以此作为芯模的外径值,而后确定钢体的内径 d_1,$d_1=d+0.05mm$。

(2)$\phi 75mm$ 系列钻头。以钻头的胎体最大外径 D 为基本尺寸标准,以此作为底模的内径值,而后确定钢体的外径 D_1,$D_1=D-0.75mm$。

以钻头的胎体内径最小值 d 为基本尺寸标准,以此作为芯模的外径值,而后确定钢体的内径 d_1,$d_1=d+0.05mm$。

(3)$\phi 91(95)mm$ 系列钻头。以钻头的胎体最大外径 D 为基本尺寸标准,以此作为底模的内径值,而后确定钢体的外径 D_1,$D_1=D-0.9mm$。

以钻头的胎体内径最小值 d 为基本尺寸标准,以此作为芯模的外径值,而后确定钢体的内径 $d_1=d+0.10mm$。

(4)$\phi 122mm$ 系列钻头。以钻头的胎体最大外径 D 为基本尺寸标准,以此作为底模的内径值,而后确定钢体的外径 D_1,$D_1=D-1.05mm$。

以钻头的胎体内径最小值 d 为基本尺寸标准,以此作为芯模的外径值,而后确定钢体的

内径 $d_1 = d + 0.10$ mm。

这些规格与尺寸标准、配合公差、胎体材料以及热压参数之间有一定的关系，不是一成不变，需要依据各公司实际采用的胎体材料和热压工艺参数等情况，在设计中修改与完善。

模具与钢体加工好后，必须进行验收，不合格的产品不能使用。同时，要对检测的钢体与模具的公差进行分级，进行合理搭配，才能确保热压金刚石钻头的质量。

第二节　孕镶金刚石钻头胎体性能设计

不论制造什么样的孕镶金刚石钻头，只要是采用粉末冶金方法，都要首先确定该类钻头的胎体性能。而胎体性能要根据钻头的工作对象的性质，即岩石的性质确定。胎体性能主要由制备胎体的金属粉末材料及其含量比所决定，同时受制造工艺参数的直接影响。因此对于孕镶金刚石钻头，一旦钻进的岩石性质基本确定，钻进工艺参数了解清楚后，胎体的硬度、耐磨性等性能要求就能基本确定。再根据胎体的硬度、耐磨性、实际密度等要求，就可以对钻头胎体配方进行设计，同时优化配合设计热压制造工艺参数。

一、对胎体性能的要求

(1)胎体需要有足够的强度，一定的硬度和耐磨性。胎体要能牢固地包镶金刚石颗粒，并能与钢体牢固结合，在钻进过程中能保障钻头胎体有相应的磨损和金刚石适时有效出刃，不断保持金刚石切入岩石的能力，充分发挥孕镶层中金刚石的作用。如果胎体性能与岩石不相适应，胎体过硬时则当金刚石出刃部分磨损后而无新的金刚石切削刃露出，钻头唇面光滑，必然导致钻头失去工作能力；如果胎体过软，则由于受到孔底岩石、岩粉的磨损和冲洗液的冲蚀作用，将过快地磨损，使金刚石出刃过早，出露过多而易于碎裂、剥落，影响金刚石钻头使用寿命。

(2)烧结温度尽可能降低，以减少高温对金刚石强度的影响。许多试验表明，随着烧结温度的升高，人造金刚石的强度将会有所下降，当温度达 900℃时，在无保护气氛的条件下，金刚石强度几乎要下降一半。由此可知尽可能降低烧结温度的重要意义所在。

(3)有较好的热传导性。由于孕镶金刚石钻头工作时转速高，胎体高速运动，摩擦发热量较表镶钻头更大，且冷却条件较差，故要求胎体有较好的热传导性，有利于钻进过程产生的热量尽可能快地传导给冲洗液并被带走。

(4)成型性好，能够保证钻头各部位的密实度均匀一致，规格形状一致。

(5)胎体的热性能应尽可能与钻头钢体的热性能保持一致，防止钻头胎体出现裂纹或掉块。

胎体配方设计包括选择金属粉末的类型以及各类金属粉末的比例。胎体主要由两大类粉末组成，一类是组成骨架材料的粉末，另一类是组成黏结材料的金属粉末。骨架材料的粉末在胎体中主要起承受钻进压力等作用；而黏结材料金属粉末在胎体中主要起将骨架材料粉末和金刚石牢牢黏结在一起的作用，使金刚石钻头的工作部分形成有较高强度、硬度和合理耐磨性的"合金"复合体。

二、骨架材料

目前,金刚石钻头胎体中的骨架粉末材料一般为难熔金属碳化物,它们具有熔点、硬度高,耐磨性强等特点,同时具备金属的特征。

骨架材料应具有足够高的硬度,以防止金刚石在胎体中因受力而发生错位,能起到骨架支撑作用与耐磨作用。

对骨架材料的性能要求如下。

(1)具有较好的冲击韧性,能承受钻进过程中复杂多变的外载作用。

(2)导热性好,线膨胀系数尽量小且接近金刚石的线膨胀系数。

(3)成型性好,以满足胎体形成各种所需要的形状。

根据上述几方面的要求,研究采用表4-1中列出的骨架材料。常见难熔金属化合物中的 WC、W_2C、TiC、YG8(YG12)是比较理想的骨架材料,其中 WC(W_2C)和 YG8(YG12)最为常用。上述几种材料中,WC(W_2C)的导热率和弹性模量最高,膨胀系数较小,硬度较高;同时,实践证明它们的成型性亦比较理想。

骨架材料在胎体中的含量由胎体性能要求决定。骨架材料含量增加,则胎体的硬度提高,耐磨性也随之提高。WC 等骨架材料含量一般在 20%~50% 范围内调整,YG8 等骨架材料含量在 10%~15% 范围内调整,两者的总含量多在 25%~70% 之间。WC(W_2C)含量高的胎体,多用于钻进硬、脆、碎岩层和强研磨性岩层。WC(W_2C)含量低的胎体,多用于钻进坚硬、致密和弱研磨性岩层。

表4-1 骨架材料含量和胎体性能的关系

骨架材料含量/%	烧结温度/℃	黏结金属含量/%			密度/$(g \cdot cm^{-3})$	硬度/(HRC)	抗弯强度/$(kg \cdot mm^{-2})$
		Ni	Mn	663-Cu			
55	980	5	5	35	11.45	38	112
60	1000	5	5	30	11.79	44	110
65	1020	5	5	25	12.15	49	107
70	1050~1100	5	5	20	12.53	52	102
80	1100~1150	5	5	10	13.38	60	103

三、黏结金属材料

钻头胎体的烧结过程与硬质合金烧结过程相似,属多元液相烧结。液相是由于系统中存在易于熔化的成分或是烧结温度高于所生成的共晶体的熔点而形成。欲得致密的制品,应尽量选用对固相表面湿润性能良好,以及能使固相在液相中溶解的黏结金属或合金。同时,黏结金属材料应能在较低温度下烧结成符合一定的物理-机械性能要求的制品。黏结金属或合金的熔点应力求接近烧结温度,以免在热压早期流失,影响金刚石钻头的质量。

黏结金属材料成分较为复杂,同时,它是相对骨架材料而言的。在金刚石钻头的胎体组成中,黏结金属材料主要由 663-Cu 合金、Cu-Re 合金等组成。铜合金的含量一般在 20%～40%之间。Ni、Co、Fe、Mn 等金属或合金,一方面起着黏结各胎体材料的作用,能与铜"无限互熔",另一方面起着提高胎体综合机械性能的作用,属于硬质黏结金属材料,含量一般在 10%～25%之间。

对黏结材料有以下几方面的要求。

(1) 能很好地润湿碳化物和金刚石,能均匀分布在金属碳化物颗粒表面。

(2) 能同金属碳化物和金刚石形成牢固的结合。

(3) 具有良好的机械性能,保证黏结金属可形成连续的薄膜,并能承受碳化物颗粒传递的各种应力。

(4) 有较低的熔点,在烧结温度下能形成液相,有利于活化烧结和胎体致密化。

胎体中黏结金属成分含量增大,意味着 WC 等骨架材料的含量将减少,因此,胎体的硬度与耐磨性将会降低。金属元素按比例配合,胎体成分中 Ni、Co、Fe 等的成分含量增加,则胎体合金的综合机械性能会得到提高,胎体的硬度与耐磨性可能会有所降低,但反映出来的金刚石钻头性能和适应性可能随之变化。黏结金属材料与骨架材料之间的配比改变,引起胎体性能的变化不是线性的,其机理较为复杂。

其实,Fe、Co、Ni、Mn、Cr 等金属材料不完全属于黏结金属,它们实际上起着连接骨架材料和黏结金属的双重作用,可提高胎体的综合机械性能,能够对金刚石产生良好的包镶效果,使热压金刚石钻头具有好的耐磨性能,使金刚石具有好的出刃效果。但是,这类材料的含量要依据岩石的力学性质加以优化确定,同时,与骨架材料配合使用。例如,在单质金属胎体中以及在预合金粉胎体中,其含量有一定的区别。

长期以来,国内外常采用多元金属粉末的机械混合物作为胎体的黏结金属,由于多元金属粉末各自的密度和熔点差别大,因此,在制造金刚石钻头过程中常出现胎体成分偏析和孔隙增大现象,胎体的致密化程度受到明显影响。胎体性能不稳定,直接影响钻头质量。因此,多年以来,我国采用预合金粉末作为黏结金属,替代多种金属粉末的机械混合材料,可以改变上述的不良现象。胎体配方的设计与选择,还应考虑胎体成分的其他性能,如粒度及其分布,颗粒形态以及粉末颗粒的工艺性能(如流动性、压制性、松装密度等)。这些性质对孕镶金刚石钻头的质量都会产生影响。

四、胎体对金刚石的包镶能力

胎体对金刚石的包镶有两种基本类型:一种是机械力包镶,另一种是化学力包镶。

机械力包镶,通过扫描电镜观察胎体对金刚石的包镶状况可知,胎体与金刚石之间有非常清晰的界面,而且胎体材料"堆集"在金刚石的周围。由电子探针的结果可知,胎体与金刚石之间不存在互相"扩散"的现象,说明目前所用的胎体材料对金刚石以机械力包镶形式为主,即依靠胎体冷却过程中的收缩力将金刚石紧紧包镶住。

化学力包镶,又称冶金结合包镶,为了提高胎体对金刚石的包镶能力,应在现有机械力包镶的基础上增加化学键的结合力,以提高胎体包镶金刚石的强度,为此目前采取如下方法。

(1)在金刚石表面镀覆某种金属薄膜。其作用是:①增大金刚石与胎体材料的化学黏结力;②提高金刚石表面热阻以降低胎体体系中的热应力;③填补金刚石晶体内部的缺陷而提高其强度。

段隆臣、谭松成等曾对以国内常用的63#配方制得的胎体采用张力环试件测定胎体包镶金刚石的能力,因金刚石被金属薄膜包覆,其包镶能力提高48%。采用扫描电子能谱仪进行分析,证实了薄膜的成分由金属碳化物逐步过渡为金属,该薄膜可称为MeC-Me薄膜。只有形成了这种化学键结合的薄膜才能提高胎体包镶金刚石的能力。

(2)改变骨架成分。目前国内外在粉末冶金法制造孕镶金刚石钻头过程中,仍采用传统金属碳化物作为骨架成分,如WC、TiC等。许多陶瓷材料或碳化物的热膨胀系数与金刚石的热膨胀系数很接近,这可以有效减小胎体材料体系中的热应力,并且这些材料均有较好的力学性质。由于陶瓷材料表面的电子几乎都是成对的,为了提高它们与黏结金属和金刚石的结合能力,可以在其表面同样覆以Ti、Cr等金属薄膜。从电子探针显微分析仪获得的二次电子像及Cr等的线扫描图中可以看出,在陶瓷材料的界面处,Cr的扫描线出现峰值,证实了在陶瓷材料界面处生成了金属化合物,这种含覆金属薄膜陶瓷材料的胎体,其包镶金刚石能力是普通胎体包镶金刚石能力的2.72倍。

五、单质金属粉胎体材料

1. 常用胎体组分的功能

胎体材料分为单质金属粉和预合金粉,虽然材料的成分区别不大,但性能存在差别。

WC具有特殊性能,是钻头胎体骨架金属的首选和理想的材料。在金刚石钻头的设计中,WC的用量范围为20%~50%;在不采用Co时,可以用YG8(YG12)硬质合金粉代替部分WC,将使胎体性能变得更优异,YG8等的含量多在10%~15%之间。

从硬质合金角度考虑,WC是骨架金属,Co是黏结金属。因为硬质合金的烧结温度高,所以Co处于液相。而金刚石钻头的热压烧结温度一般多介于940~980℃之间,因此,除WC外,Co、Ni、Fe、Mo、Mn等金属也应属骨架金属,因为它们在此烧结温度下基本处于固相状态,只有Zn、Sn、Cu、663-Cu合金等才是黏结金属(合金),在烧结温度下处于液相或熔融状态。

Ni能提高黏结金属的流动性和胎体强度,对WC有较好的浸润性,有利于加速烧结和提高合金化程度。当烧结温度达900℃后,细粒WC由于表面能较大,开始溶于Ni中,随温度升高,溶解度增大。当体系中的WC处于过饱和状态时,Ni中的WC将析出,吸附于WC粗颗粒表面。细粒WC先溶解,使细粒WC不断变小,粗粒WC不断变大。在此过程中,颗粒之间的黏结力增强,孔隙逐渐收缩,此过程被称为溶解-析出过程,也就是合金化过程。该过程使烧结体强度得到提高。

Co 比 Ni 的性能更优越,所达到的效果更理想。同时,Co 对金刚石的热熔蚀作用比 Ni 小,而对金刚石的包裹能力却比 Ni 高。Co 对 WC 的浸润性强,能在 WC 颗粒表面熔融,使颗粒之间的黏结性加强,从而有利于促进胎体合金的收缩与致密化。随 Co 含量的增加,胎体的抗弯强度和抗冲击强度得到提高。

目前多采用青铜基合金作为黏结金属。由资料与试验结果分析可知,添加适量的锰能提高铜合金的机械性能,可略降低合金的熔点;锰又是铜合金的良好脱氧剂,而且生成的锰的氧化物很容易挥发,不会影响胎体性能。试验结果还表明,骨架材料相同而锰含量增加时胎体硬度增大,同时,加入锰可使胎体的抗弯强度明显提高。对热压钻头而言,锰含量不宜过高,不宜大于胎体总质量的 5%~8%,因为继续增加锰含量并不会大幅度提高强度,反而带来严重黏模的不良后果,造成脱模困难,影响模具的使用寿命。

Cu 对 WC 的浸润性不好,不与其发生反应,Cu 对金刚石的浸润性亦差。但是,Cu 对 Ni、Fe、Co、Zn、Mn 的浸润性甚好,都可以形成性能良好的 Cu-Ni-Zn 等合金。Cu 与 Sn、Zn、Ti、Mn 等金属配合,可形成铜系合金,它们都是很好的金刚石钻头胎体的黏结金属材料。因此,对于 Cu 的加入量要认真研究,依具体情况确定最优加入量。

在胎体材料中加入适量的 Cr、Ti 等金属。Cr、Ti 等对金刚石有良好的亲和性,在一定条件下能同金刚石相互作用,在金刚石表面生成强碳化物薄膜,有利于金刚石在胎体中被牢固包镶。Ti 还能净化晶界,减少 Mn-Ni-Cu 合金内的成分偏析,提高合金的强度。

最新研究认为可以以 Fe、Ni 代替 Co,Fe、Ni 是制备胎体的主要材料,也是钻头胎体合金中的主要成分。其他金属,如 W、B、Si、Mo 等的加入,主要是为了提高胎体性能以及胎体与金刚石的黏结强度。Co 含量的提高会增加金刚石钻头的成本,使用 Ni、Fe 代替 Co 后,基本上能获得纯 Co 基合金的优越性能,保证孕镶金刚石钻头质量的同时降低成本。

2. 单质金属粉胎体材料研究

单质金属粉胎体配方中,骨架材料以 WC 为主,同时加入一定量的 YG8 等预合金粉材料,黏结金属材料为 663-Cu 合金粉。除此之外,为了提高胎体的综合机械性能,满足金刚石钻头破碎岩石的要求,胎体中还加入了 Mn、Ni、Mo、B、Si、Ti、Cr 等多种金属粉末。

严格地说,改变上述任何一种金属粉末的种类及其含量,都会引起胎体性能的变化。为了简化设计,考虑到 Cr、Ti、Si、B、Mn、Mo 等的用量较小,并且各自的含量在生产实践过程中基本确定,因此,可将其作为"一种元素",视为用量不变;WC 与 YG8 用量比值为 3∶1,也视为"一种元素"。按照这种思路,即可设计孕镶金刚石钻头胎体成分与性能。

典型的单质金属粉胎体配方(63#配方)如下:WC 占比为 40%;YG8 占比为 15%;Ni 占比为 5%;Mn 占比为 5%;663-Cu 占比为 35%;$Rt=11.33$。根据该配方制得的钻头胎体属于硬胎体范畴。

六、预合金粉胎体材料研究

用于孕镶金刚石钻头的预合金粉材料,其组分与单质金属粉十分接近,只是将单质金属粉组合成了预合金粉,所以,所起的作用也大体相当,不过预合金粉的性能优于单质金属粉的性能。设计预合金粉胎体配方时,基本参照单质金属粉的配方以及各种成分的含量比例,只需略加调整即可。但是,单质金属粉和预合金粉中所含的各金属的量不会完全相等,所起作用也不会完全相同。常用的预合金粉有:FAM-1020、FAM-1050、FAM-1012 及 Fe-Cu-Ni、Fe-Cu-Mn、Fe-Cu-Cr、Fe-Cu30、Cu-Co-Sn、FJT-A1、FJT-A2、FJT-A4 等,同时,配合使用 WC 或 YG8 等骨架材料。

以上是预合金粉胎体配方中适应性能较好的基础配方材料,只要通过调整胎体成分和各材料的含量比例,优化热压工艺参数,同时调整金刚石参数,就可以获得所需要的孕镶金刚石钻头的性能。下面举例说明预合金粉胎体配方材料,供参考。

孕镶金刚石钻头工作层胎体配方如下:Fe-Cu-Ni 占比为 25%;Fe-Cu-Mn 占比为 12%;Fe-Cu-Cr 占比为 4%;FJT-A2 占比为 10%;FJT-A3 占比为 17%;Cu-Co-Sn 占比为 8%;660-Cu 占比为 9%;WC 占比为 15%;$Rt=8.98$。

这个孕镶金刚石钻头配方具有一定的代表性与适应性,只要调整配方中主要成分的含量比,并相应配合优化的热压工艺参数,就可以制得多种性能的孕镶金刚石钻头,达到设计和应用目的。

第三节　金刚石参数设计

孕镶金刚石钻头的金刚石参数设计,主要包括金刚石的粒度、浓度以及质量(即品级)3个方面,其中金刚石的粒度包括金刚石不同粒度的配合。金刚石参数对于钻头质量、钻速和钻头的使用寿命会产生积极且直接的影响。

一、金刚石的粒度

确定金刚石的粒度大小时,不仅要考虑岩石的软硬程度、研磨性强弱,而且要考虑钻进时效。粒度小的金刚石,虽然单颗抗压碎强度低,但单位面积上整体的抗压强度却较高,因而有利于钻进硬岩;粒度小的金刚石,其比表面积大,单位面积上切削点多,有利于提高钻头的耐磨性,因而有利于钻进研磨性强的岩石。粗、细粒金刚石合理搭配使用,可以收到好的综合效果。

设计金刚石参数时有一点应注意,就是微粒金刚石的应用问题。这里所说的微粒金刚石指 100～140 目的金刚石。从破碎岩石角度来讲,微粒金刚石的破碎效果很差,因为其颗粒细,出刃高度和切入岩石的深度极其有限,破碎岩石方式为研磨或磨削,钻速必然很低。因此,一般金刚石钻头厂家不会单独采用微粒金刚石。但是微粒金刚石可以改善某些胎体的性能,比如胎体较软(HRC≤15)时,钻头的耐磨性较低,钻头的使用寿命短,这时微粒金刚石的加入不仅可以提高胎体的耐磨性能,还可以改变软胎体的属性,提高钻进效果。

粗粒金刚石不太适用于钻进硬而致密的岩石,因为粗粒金刚石破碎岩石时的时间效应较明显,钻进效果反而会下降。所以金刚石的粒度只有与岩石的力学性能相适应,才能取得好的钻进效果。

从金刚石粒度来讲，旧系列常采用 36 目、46 目、60 目、70 目、80 目、100 目、120 目……，而新系列为宽系列，常用于制造金刚石钻头的粒度有：120/140 目、100/120 目、80/100 目、70/80 目、60/70 目、50/60 目、45/50 目、40/45 目、35/40 目、30/35 目、25/30 目、20/25 目等。

二、金刚石粒度及其分布

金刚石粒度对于金刚石钻头的性能也会产生影响。采用混镶的金刚石钻头，由于其金刚石粒度大小不一，在钻进过程中金刚石的出刃高度不等，在切削岩石时可以形成众多的微切削沟槽，其深度参差不齐，形成若干自由面，有利于提高破岩效率。

金刚石钻头粒度的设计与岩层的完整度、压入硬度、钻进工艺参数、金刚石的其他参数（浓度等）有关。金刚石粒度可根据预期钻速 v 进行设计。

$$v = \frac{5 \cdot Q_D \cdot P \cdot n}{4.4 \cdot M \cdot P_D \cdot S_D \cdot S \cdot \varepsilon} \quad \text{或} \quad Q_D = \frac{4.4 \cdot v \cdot M \cdot P_D \cdot S_D \cdot S \cdot \varepsilon}{5 \cdot P \cdot n} \quad (4-1)$$

式中：v——预期机械钻速（cm/min）；

Q_D——每粒金刚石的质量（g）（即金刚石粒度）；

P——钻头上施加的压力（kg）；

n——钻头的转速（r/min）；

M——金刚石的浓度（%）；

P_D——工作金刚石与岩石接触面上的单位压力（kg/cm²）；

S_D——每粒工作金刚石与岩石接触的面积（cm²）；

S——钻头胎体的投影面积（cm²）；

ε——钻头端面有效系数。

由上述公式可知 Q_D 值越大即金刚石的粒度越大，相应的机械钻速 v 越高。我们可以在其他参数固定的条件下设计一个合理的机械钻速，相应求出 Q_D 的数值，即可求出所需的粒度值。

调整孕镶金刚石钻头中金刚石粒度的方法很多，常用的是采用不同粒度的金刚石混镶，其混镶的形式有以下几种：在孕镶有细粒金刚石的胎体中，在切削边刃处用粗粒金刚石加强（图 4-2 左），达到钻头同步磨损；在扇形块前方（按钻头旋转方向）用粗粒金刚石加强（图 4-2 中），因为扇形块前方近水口处的胎体受冲蚀严重，故用粗粒金刚石予以加强；细粒和粗粒金刚石在整个金刚石层中按一定比例混合分布（图 4-2 右）。采用混镶的钻头，由

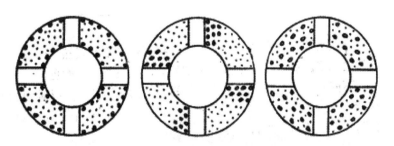

图 4-2 不同粒度金刚石混镶的类型

于其金刚石粒度大小不一,在钻进过程中众多金刚石的出刃高度不等,在切削岩石时形成众多的微切削沟槽,形成若干自由面,有利于提高破岩效率。

三、金刚石浓度

金刚石的浓度指金刚石在钻头胎体中的含量。金刚石的浓度有两种规格:100%浓度制和400%浓度制,两者相差4倍。我们常采用砂轮(金刚石)百分制浓度,即$1cm^3$的胎体中含金刚石4.4ct(1ct=0.2g)时浓度为100%,含金刚石3.3ct时则浓度为75%,以此类推。孕镶金刚石钻头中的金刚石浓度正常钻进条件下在75%~100%之间,要根据岩石的力学性质和钻进工况而设计确定。

金刚石浓度高时,孕镶金刚石钻头的耐磨性会提高,但需要适当提高钻进压力,否则钻进时效会受到影响。而金刚石浓度低时,钻头的耐磨性会受到影响,这时还需要钻头胎体性能和钻进参数的合理配合,才能收到好的钻进效果。

值得注意的是,金刚石的粒度、质量与浓度必须与岩石力学性质和胎体性能相适应,与钻进规程参数相适应,以充分发挥金刚石的作用为主导思想设计。高质量金刚石应与高性能的胎体结合才能取得好的钻进效果;采用高浓度的金刚石钻头时应提高钻进压力和加快钻头转速,才能提高钻头的钻进效率。

四、金刚石的品级

金刚石的品级(质量)多采用金刚石的型号表示。最早采用的代号为"JR",即人造金刚石的意思。"JR"后面的数字代表金刚石是第几型,比如"JR_4"意指4型人造金刚石。数字越大,说明金刚石的整体品级越高。最低级人造金刚石代号为JR_1,而最高级的为JR_5。为了同国际接轨,现在采用国际标准型号:RVD,MBD_4、MBD_6、MBD_8、MBD_{12}、SMD、SMD_{25}、SMD_{30}、SMD_{35}、SMD_{40}、DMD等,金刚石的品级按此序列依次增高。然而,我国的人造金刚石合成公司数量不少,都制订各自的质量与技术标准,很难进行各项指标的对比,很难就金刚石型号进行品级比较,只能参考各金刚石厂家的型号了解金刚石的品级。

金刚石品级越高,其抗破碎强度和耐磨性均越高,所对应的钻头可以有效钻进硬—坚硬、研磨性强岩层以及非完整岩层,可以获得好的钻进指标;而品级低的金刚石,所对应的钻头只能钻进可钻性级别较低的岩石和均质岩石。这里必须注意,高品级的金刚石一定要配合高性能的胎体,否则不会收到应有的钻进效果,也不会得到好的钻进技术经济指标。

第四节 热压钻头工艺参数研究

金刚石品级是影响钻头质量的十分重要且直接的因素。在其他条件相同的前提下,金刚石品级高,钻头寿命长,钻进效果好。在设计金刚石钻头时,往往注重金刚石的品级和粒度。确定金刚石品级时主要考虑岩石的软硬程度以及岩石的研磨性强弱。品级高的金刚石,其抗压强度高,可以承受较高的钻压,钻进硬—坚硬岩层;而且品级高的金刚石,其磨耗比大,耐磨性高,可以钻进研磨性强的岩层。

在热压孕镶金刚石钻头的制造过程中,主要环节是确定钻头胎体的材料体系及其优化配合的热压工艺参数。只强调胎体材料或热压工艺参数,是不全面的,不可能得到好的设计结果。胎体材料体系不相同,与其配合的热压工艺参数必须随之优化配合,两者是一个有机的整体。

一、热压工艺参数

研究者们普遍认为热压金刚石钻头的质量主要由两个方面决定:①依据岩石力学性质优化设计的钻头胎体性能;②依据胎体材料确定的热压工艺参数。热压工艺参数包括烧结温度、压力、升温速度、保温时间、出炉温度等。烧结温度是保证胎体能否"合金化"的关键条件,烧结温度过高会使得黏结金属流失,胎体的设计性能与均质性会受到影响;而烧结温度过低,胎体的力学性能达不到要求,直接影响钻头质量。压力是加速合金化和提高胎体密实度与耐磨性的必要条件,随着压力的增大,胎体的硬度与耐磨性会得到提高,但压力增大到一定程度后其影响就不明显了,因而压力的增大是有限度的。升温速度、保温时间以及出炉温度是影响胎体性能的主要因素,这三者之间互相影响、互为条件,应合理配合。由此可知,只有把握住了依据岩石力学性质设计金刚石钻头的胎体性能和合理确定热压工艺参数这两个关键因素,热压金刚石钻头的质量才能达到设计要求。

热压金刚石钻头的质量在很多情况下还反映在钻进指标上,这是热压金刚石钻头质量的实际衡量标准。这种衡量标准的实质是钻头的性能、岩石性质以及钻进工艺参数三者之间是否相适应。如果三者相适应则将取得好的钻进效果,如果不相适应则可能无法获得好的钻进效果。钻进工艺参数是影响钻头质量不可忽视的因素,必须依据钻头的性能和岩石性质加以合理确定,才能收到预期的效果。所以,钻头的胎体性能、岩石性质以及钻进工艺参数构成了热压金刚石钻头设计和使用的系统工程,无论哪一方面出现偏差,都将对钻头的质量和钻进指标产生影响。

1. 混料

胎体材料由多种金属粉末组成,常使用的胎体成分有碳化钨、镍、钴、锰、钛、铬、钼、铜、锡、锌等,它们的相对密度、含量、粒度、颗粒形状、硬度以及熔点等均不同,如果把它们随意混合后就装入石墨模具中烧结,其结果是钻头的胎体性能不均匀,金刚石钻头的质量达不到设计的要求,钻进效果差,甚至造成钻头无法钻进的后果。因此,要采用一定的方法对胎体原料进行混料,使金属粉末混合均匀。对于预合金粉同样存在混料的问题,只是混料的时间可以缩短。采用三维球磨机混料方法混合胎体金属粉末。

球磨混料的作用首先是将粉料混合均匀,其次对混合料能够起到一定的破碎细化作用。球磨混料的效果主要取决于球与粉料在球磨筒内的运动状况,而球与粉料的运动状况又取决于球磨筒的规格、运转方式与转动速度。因此,对球磨机和球磨筒应该有一定的要求。目前,有些专业厂商提供的球磨机并不符合要求,如球磨筒的转速与球磨筒的规格尺寸配合不合理,球磨筒的中心线与旋转轴间的夹角设计不合理等,这些都会影响混料效果。球磨混料最好采用先进的三维球磨混料机。

球磨时间也是不可忽视的因素。混合时间要依据不同的材料和设备而确定,少则4～8h,多则8～12h。混料时间并非越长越好,因为混料时间长可能使粉末产生加工硬化,或改变粒度分布与颗粒形状,不利于改善压制性。对于铁、铜类较软金属粉末,因为容易出现加工硬化现象,故不宜采用强度大、时间长的混料规程,而应采用强度较小、时间较短的混料规程。

2. 热压烧结压力

在热压金刚石钻头制造过程中的加压是分阶段进行的,一般分为预压阶段和加全压力阶段,预压力为全压力的1/4～1/3。对于铁族元素含量较高的胎体,如铁基胎体,在使用中频电炉加热时由于涡流的作用,混合均匀的胎体料将出现有规律的分选,其结果是扰乱了胎体成分的均匀分布状态,金刚石也会随之进行有方向性的迁移,向外径方向富集,导致钻头在内径方向耐磨性降低,出现偏内径方向的偏磨而提前报废。设定预压力后可以有效地预防或减缓上述问题的发生,对于保障钻头的质量是有积极意义的。但是,对于预合金粉胎体,上述的这种作用就不太明显。

热压烧结过程还会伴有压力机的振动,对胎体粉末会产生一定的分选作用。当烧结温度接近或达到黏结金属的熔点时,就会出现黏结金属对金刚石和骨架材料的浸渍现象。这时,预压力可以增大金属粉末间的流动阻力,阻止处于熔融状态的金属过大范围的流动和过多的流失,具有防止低熔点金属偏析和对相对密度不同的粉末进行分选的作用。由此可知,预压力有利于保证胎体成分的均匀性和胎体性能的均质性。

热压压力对钻头的胎体密度会产生明显的影响,热压温度与热压时间一定时,压力对钻头胎体密度的影响趋势(规律)如图4-3所示(非完全定量关系)。热压压力一定时,热压时间对钻头胎体密度的影响趋势(规律)如图4-4所示(非完全定量关系)。由此可见,压力并非越大越好,加压时间也并非越长越好。当热压压力与热压时间达到一定值时,钻头胎体密度的增大幅度就会趋缓,继续增大压力或延长热压时间,其作用效果就不明显了。

热压工艺中的全压力可以保障钻头的胎体在烧结后期能更好地实现"致密化",使胎体具有所需要的密实度和耐磨性。全压力的确定要考虑胎体成分及其含量比、烧结温度、保温时间等因素,烧结压力一般取12～20MPa。升高压力,有利于提高胎体的密实度与硬度,有利于提高钻头胎体的耐磨性,延长钻头的使用寿命。但过高的压力对提高胎体的硬度与密实度意义不大,只能增加功率消耗,甚至可能缩短石墨模具的使用寿命或压裂石墨模具。

压力升高至全压力是在保温阶段实现的,即在胎体金属粉末吸收熔解热后,较缓慢地加至全压力,这样有利于分布均匀的胎体金属粉料在热压条件下形成的胎体具备应有的"合金"性能。不宜采用快速增加至全压力的做法。本章试验预合金粉胎体钻头时的烧结压力设计为17～20MPa。

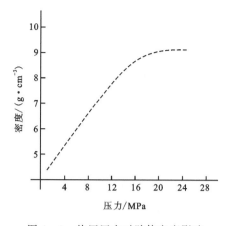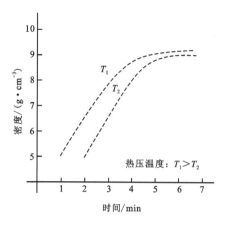

图4-3 热压压力对胎体密度影响　　图4-4 热压时间对胎体密度影响

3. 热压温度

热压金刚石钻头的胎体材料是一种比较复杂的多元体系,其中材料的熔点、硬度等物理力学性质相差很大。制备热压钻头属于多元系固相烧结,即烧结温度低于多数材料的熔点,这时的黏结金属由于含量不高仍可能处于塑性或半熔融状态。热压时必须设置一定的保温时间才能使粉末处于塑性流动状态和使各成分之间产生扩散作用,并在一定的压力条件下实现胎体致密化。若没有达到理论烧结温度,希望利用高压力来达到胎体致密化是非常困难的。因而烧结温度的设计十分重要,特别对于铁基胎体显得更为重要。

设计烧结温度的基本依据是胎体成分中骨架材料的含量以及黏结金属的含量。骨架材料含量高时,设计的烧结温度一般都较高;而黏结金属含量高时,设计的烧结温度就较低。预合金粉胎体的烧结温度一般不高于970℃,单金属粉胎体的烧结温度一般在960～990℃之间,碳化钨含量较低的胎体或铁基胎体的烧结温度在950～980℃之间,而高含量碳化钨胎体的烧结温度在970～995℃之间。本章研究的预合金粉胎体中碳化钨的含量偏低,纯黏结金属含量偏高,所以烧结温度设定在930～960℃之间。在生产实践中,测量温度的仪器的差别和精确度的差异,如有时探头偏离测量的正确位置,都会对烧结温度的最终测定结果带来影响,这将直接影响热压金刚石钻头的质量。

热压金刚石钻头的温度参数包括烧结温度、升温速度和保温时间等。对于热压人造金刚石钻头,研究者们对烧结过程中的升温速度一直存在着两种不同的看法,有的主张慢升温、慢烧结,有的则主张快速升温、快速烧结。作者认为,凡事不能绝对而论,升温速度的快慢,首先要考虑胎体成分及其含量比,其次要考虑钻头的规格和类型,最后还应依据加热方式和设备能力加以考虑;通过试验、分析和总结,确定最佳升温速度。

胎体成分及其配比是决定烧结温度和升温速度的重要因素。孕镶金刚石钻头胎体配方中骨架金属材料含量高,要求烧结温度高,这样才能保证胎体成分充分吸收到所需的熔解热。同时,又要考虑黏结金属的含量及熔点。温度过高,可能导致黏结金属流失加剧,胎体成分偏析增加,其结果是产品质量达不到设计要求,或质量不稳定、不理想。升温速度的快慢也会对胎体性能产生明显影响,在保证钻头处于活化烧结状态,钻头能充分"合金化"的前提下,应尽可能以合理的升温速度烧结。

钻头的规格也是确定升温速度的依据之一。一般来说,钻头直径越大,钻头胎体的体积越大,所需熔解热越多,如果升温太快,钻头胎体受热不均,胎体不易烧透,"合金化"程度会下降。如果延长保温时间,金刚石的热损伤将增加,会给钻头质量带来不利影响。所以大直径钻头宜采用较慢的升温速度。

在烧结过程中,为了使钻头胎体受热均匀,减小模具的内外温差,使胎体膨胀与收缩均匀,升温速度不宜太快;较慢的升温速度有利于胎体内氧化物被充分还原,废气及时排出。如果升温速度过快,会造成胎体受热不均,内外温差过大,钻头外径表面提前烧结,形成致密层,使钻头内部的气体难以排出,妨碍收缩。当收缩继续进行时,由于气体压缩而产生较大的膨胀力会导致胎体鼓包或开裂,导致烧结钻头不合格。

根据历次烧结钻头的经验,升温速度以 90~110℃/min 为宜。依据不同的胎体性能,在不同的升温阶段取不同的升温速度。在温度达到 600℃ 之前,采用 90~100℃/min 的升温速度;而在 600℃ 之后,采用 100~110℃/min 的升温速度比较合理。

保温时间不可忽视,它受烧结温度、升温速度、钻头规格与类型、热压设备等影响,加热方式与设备能力是设定升温速度和保温时间时应考虑的因素。中频炉升温速度高于电阻炉,因此,用中频炉烧结钻头应采用稍长的保温时间。保温过程实质上是胎体金属粉末在模具内吸收热量、熔化、浸渍、黏结胎体材料和金刚石的过程。这个过程应有足够的时间来保证完成,保温时间至少要比胎体吸收热量时间长 1~2min。中频炉烧结钻头的保温时间在 5~7min 之间,而电阻炉烧结钻头的保温时间在 3~5min 之间。热压温度与压力一定时,热压时间对钻头胎体密度的影响趋势(规律)如图 4-5 所示(非完全定量关系),并不是热压时间越长钻头胎体实际密度就会越高。

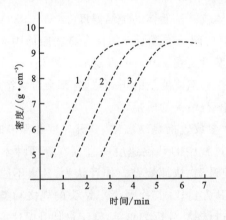

1.高压;2.中压;3.低压。

图 4-5 温度与压力一定时,热压时间对胎体密度影响

保温时间还受材料热透率 η 的影响,胎体的热透率受模具材料、胎体成分以及升温速度等因素的影响,可通过试验确定。通常按照钻头直径规格取 $\eta=0.06\sim0.08\text{min/mm}$。直径大的钻头、绳索取芯钻头以及当升温较快时,热透率 η 取上限值,其他情况下热透率 η 可以取下限值。

4. 降温出炉温度

降温出炉的温度,要根据黏结金属的液相线确定。若钻头胎体均采用铜合金为黏结金属,当采用电阻炉烧结时,由于升温缓慢,炉内保温条件较好,可将出炉温度设定为800℃,出炉后将胎体放置于保温材料中缓慢冷却。采用中频炉烧结方法时,当保温完毕,2~3min后钻头胎体与模具的温度即可降到850℃左右,其降温速度显然比电阻炉要快。此时,钻头胎体的"金相"已经形成,内应力已经产生。内应力可能使胎体产生微裂纹,钻进过程中钻头可能出现断齿、掉块现象。产生内应力的根源是不同材质(胎体粉料、金刚石、钢体、保径材料及模具等)产生不同的膨胀与收缩应力,其产生过程受温度和降温速度影响。因此,在采用铜合金为黏结金属时,其出炉温度在780~820℃为宜,出炉后的钻头应继续采取措施缓慢降温,以保证钻头内应力最小,确保钻头质量。在冬季热压金刚石钻头时,更要注意这点。

二、热压单质金属粉胎体钻头

金刚石钻头的质量普遍被认为由3个重要方面决定:①钻头胎体材料的种类及其配比;②热压工艺参数;③钻头的结构。而在单质金属粉胎体中,各种原材料的硬度与熔点相差很大,硬度与熔点低的材料有铜合金粉,而硬度与熔点高的材料有 WC、YG8。对于这类胎体材料体系,在设计热压工艺参数时就会有一定的难度。

在钻头胎体配方确定之后,确定热压工艺参数无疑是极其重要且关键的一个环节。正确的烧结方法能够确保所设计的钻头技术性能参数得以实现,并且能使精心设计的胎体材料发挥最大效益。也就是说,钻头烧结工艺与过程是钻头胎体的形成和质量保证的最关键因素。热压钻头的烧结工艺主要包括预压、升温、加压、保温-保压、降温出炉等几个工序与阶段。而设定预压主要用于电阻炉烧结,电阻炉没有压力就不可能通电升温烧结。中频炉热压钻头一般不需要设定预压,但需要科学设计前5~6min的热压工艺参数。

1. 温度

对于热压人造金刚石钻头,研究者对烧结过程中的升温速度,一直存在两种不同看法,有的主张慢升温、慢烧结,有的则主张快升温、快烧结。作者认为,凡事不能绝对而论,升温速度的快慢,首先要从胎体材料体系加以考虑;其次要从钻头规格与类型加以考虑;最后还应依据加热方式和设备能力加以考虑。通过试验、分析和总结,确定最佳升温速度。具体分析如下。

(1)胎体材料体系是决定烧结温度和升温速度的重要因素。

金刚石钻头胎体配方中骨架金属材料含量高,要求烧结温度高,这样才能保证胎体能充分吸收所需的熔解热。同时,还要考虑黏结金属的含量高低以及黏结金属的熔点。温度过高,则可能出现黏结金属流失量增加,胎体成分偏析增加,其结果是钻头质量达不到设计要求或质量不稳定,故升温速度不宜过快。要在保证不喷粉,钻头处于活化烧结状态,钻头能充分"合金"化的前提下,尽可能以较快升温速度烧结。依据经验,温度达到600℃以后,升温速度以90~100℃/min为宜。电阻炉烧结取上限值,而中频炉烧结取下限值,并且应设置1~2次中间保温程序,对于硬—坚硬胎体更加需要此环节。

(2)钻头规格也是决定升温速度的考虑依据。

一般来说,钻头直径越大,胎体的体积越大,所需熔解热越多,如果升温速度太快,模具内温度梯度加大,钻头胎体不易烧透,胎体的均质程度会下降。或者增加保温时间,金刚石的热损伤将增加,对钻头质量带来不利影响。所以大直径钻头宜采用升温速度下限值。

(3)加热方式与设备能力也是决定升温速度的因素。

中频炉升温速度高于电阻炉的升温速度。因此,选用中频炉烧结钻头应采用稍长的保温时间。保温过程实质上是胎体金属粉末在模具内吸收热量、熔化、浸渍、黏结胎体材料和金刚石以及胎体致密化的过程,这个过程应有足够的时间来保证完成,保温时间至少要比胎体吸收热量时间长1~2min。中频炉烧结钻头的保温时间在5~7min,而电阻炉烧结金刚石钻头的保温时间在3~5min之间。

(4)热压温度一般应偏高,达到950~980℃。

制备热压钻头胎体的各种材料的硬度与熔点等物理力学性质相差很大,胎体材料之间很难实现"融合",须较高的烧结温度才有利于实现,可以采取950~970℃的热压温度。而对于高硬度的胎体,热压温度可以设定为980℃甚至更高一点。

2. 保温时间

设置保温时间的目的是减小模具内外的温度梯度,确保钻头的烧结质量。由于胎体成分不同,钻头类型与规格不同,热压钻头时采用的设备不同,升温速度必然不同。由于测量温度的方法不同,很难保证组装模具的内外温度一致,因此必须设置保温时间来平衡,以减小或消除模具内外的温度梯度。同时,保温时间也因上述条件不同而有一定的差别,一般设置为4~6min,特别硬的胎体可以达到7~8min。

同时,胎体硬度、钻头规格、钻头类型,以及胎体致密化过程不同,保温时间也会有差异。若钻头硬度高、规格大,或绳索取芯钻头升温速度快,保温时间应适当延长,否则可以适当缩短。单质金属粉胎体热压钻头,保温时间较长;而预合金粉胎体热压钻头,保温时间稍短。

保温时间和出炉后的保温条件可能会影响钻头的硬度与耐磨性,或者说会影响钻头的出刃效果。一般情况是保温时间长、降温速度慢,会提高胎体的硬度与耐磨性;反之则会降低胎体的硬度与耐磨性。可以依据岩石性质和对钻头性能的要求等,合理设计热压钻头的保温时间和出炉后的保温条件。

保温条件涉及降温速度,有的钻头出炉后置于珍珠岩或石棉粉中,有的置于"保温箱"内让其保温、缓慢冷却,有的直接在空气中冷却,有的甚至利用风扇等强制冷却。保温条件和钻头的冷却速度,对孕镶金刚石钻头的质量与性能会产生一定的影响。设计出炉后的保温条件时,基本思路是冷却速度稍快一些(但必须均衡冷却),钻头工作时钻速可能高一些;而冷却速度慢时,钻头的耐磨性可能会有所提高。但钻头胎体各部分的冷却速度与冷却程度必须尽量保持基本一致,否则胎体就会因为冷却不均匀而出现微裂纹或裂纹,造成钻头质量事故。特别是在寒冷的冬天,要确保钻头出炉后缓慢冷却,不可快速冷却。

3. 压力

金刚石钻头的加压分阶段进行,一般分预压和全压两个阶段。对于中频炉,一般不设预加压力,只在烧结前期采用较慢的升温速度。但考虑到钢体与钻头工作层应均匀接触及牢固连接,胎体粉料不应出现偏析和分选,应施加较小的预压力。预压力对于电阻炉烧结钻头更为重要,因为预压力决定着升温速度,直接影响烧结质量。预压力一般取全压力的1/4～1/3,也有取值更小的。因为预压时,压力若过大,随温度不断升高,一是还原性气体不易排出,可能引起喷粉,二是容易损坏模具,造成钻头报废;同时在压力作用下,低熔点金属呈梯度析出,影响胎体的均质性。

全压力的确定要考虑胎体配方、烧结温度、保温时间等因素,依据钻头胎体硬度与耐磨性确定热压的压力值,一般设定为15～18MPa。加全压力必须在保温阶段前后开始,即在胎体金属粉末吸收足够热量后,较缓慢地加全压力为宜,这样才有利于预先混合均匀的胎体金属形成应有的"金相",达到钻头性能的设计指标。

在热压工艺参数中,需要重点考虑的是烧结温度和压力,同时不能忽视保温、保压时间的影响。在实际工作中,多数都是根据不同胎体材料配方,考虑热压温度的设计值,经试验与综合分析,最后优化确定热压孕镶金刚石钻头的压力值。

烧结压力的考虑依据依然是胎体的组分与胎体的"合金化",同时应考虑胎体的致密性和耐磨性。热压时胎体材料的致密化过程如图4-6所示,用$a(\%)$表示致密化系数,t表示热压时间,其过程一般分为以下3个基本阶段(定性描述,为设计热压参数提供思路与依据)。

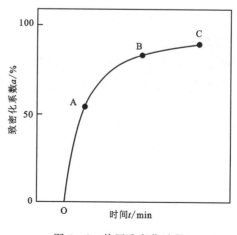

图4-6 热压致密化过程

(1) 快速致密化阶段（OA 段）。

该阶段又称为微流动阶段，致密化速度较快，表现为颗粒发生相对流动、颗粒破碎和塑性变形。致密化速度主要取决于粉末的粒度、形状和材料的断裂强度与屈服强度。

(2) 致密化减速阶段（AB 段）。

该阶段以塑性流动为主，当热压温度不变或温度提升较慢时，增加热压压力可以增大胎体的密度；当压力不变时，升高热压温度，胎体的密度也会变大。

(3) 趋于终极密度阶段（BC 段）。

该阶段主要以扩散方式使胎体致密化，胎体中原子从浓度高的区域向浓度低的区域扩散，最终趋于平衡，即达到终极密度。

因此，只要热压参数设计合理，通过活化烧结工艺，热压金刚石钻头的胎体密度可以达到理论密度的 97.5%～99.0%，甚至还可以更高。

保温时间的长短，主要取决于钻头的类型和规格。钻头直径大而底唇面厚的钻头（如绳索取芯钻头），要求较长的保温时间；而直径小而底唇面薄的钻头（如普通单管或薄壁钻头），保温时间可以缩短。如果保温时间太短，虽然烧结温度达到了设计值，也会使钻头欠烧，包镶金刚石的强度降低；如果保温时间过长，会使钻头过烧，胎体成分出现变化或偏析，对保护金刚石的原始强度不利。在一般情况下，热压金刚石钻头的保温时间可以用钻头的最小有效尺寸与材料的热透率来计算。

热透率 η 受模具材料、胎体成分以及升温速度等因素的影响，可通过试验确定，通常按照钻头直径规格取 $\eta=0.08\sim0.12\mathrm{min/mm}$。制备直径大的钻头以及升温速度较快时，$\eta$ 值取上限值，其他情况的 η 可以取下限值，以此设计热压金刚石钻头的保温时间。

确定保温时间时还需要考虑烧结温度和升温速度。在烧结过程中，为了使孕镶金刚石钻头胎体受热均匀，降低模具内外温差，以使其收缩均匀，升温速度不宜太快，而且较慢的升温速度有利于胎体内氧化物被充分还原，并及时、有效排出。如果升温速度过快，会造成胎体受热不均，内外温差过大，钻头外径表面提前烧结，形成致密层，使内部的气体难以排出，妨碍收缩。当收缩继续进行时，气体由于被压缩而产生较大的膨胀力而导致胎体鼓泡或开裂。所以，经过试验后确定升温速度为 90～110℃/min。

进行胎体性能试验研究时，采用 SM-100A 型自控智能电阻炉热压各种钻头胎体试件。电阻炉的加热升温速度与中频炉的加热升温速度是不相同的。在相同功率条件下，电阻炉的升温速度较慢，胎体内各部分的升温速度比较接近，温差梯度很小。同时，对于中频炉，整个烧结过程中可另设 1～2 次中间保温段，每次保温时间为 20～30s，这有利于减小胎体内的温度梯度。因此，电阻炉试验时的保温时间可以比中频炉的保温时间短一些，设定值一般为不小于 4min 比较合理。

4. 热压钻头工艺曲线

金刚石钻头的热压工艺曲线可以指导热压孕镶金刚石钻头压力烧结的程序，与胎体材料体系有直接关系，胎体材料不同就会存在差异。烧结工艺曲线一般涉及升温速度、加压时间与速度，还有保温、保压时间段以及出炉温度等。在合理的热压工艺曲线中，会设置 1～2

个中间保温、保压时间段,此时间段设计在模具温度达到820℃与930℃左右,保温时间一般为20~30s。设计第一保温段目的是减少模具内部的温差,胎体材料的温度升至800℃后,就会出现胎体材料的塑化、软化现象,如果此时各胎体成分的温度不同,胎体内部的塑化或软化的程度就会不同,在压力的作用下,会出现局部偏析或部分流失的可能。因此,需要一定时间消除胎体内部温度差,预防胎体内的材料不均质,以期获得均匀的胎体性能。

升温开始后慢慢加预压力,在600℃前增至5kN,这个压力可以起到整平模具内的粉料,导正钻头钢体,保证钢体与胎体粉料充分、密切接触,排出胎体内的空气或还原反应生成的气体,预防模具内的表层粉料氧化等作用。由此可知,这个预压力是必要的。采用湖北长江精工材料技术有限公司研制的智能中频电炉时,温度升至500℃之前,可以不施加预压力或施加很小的压力,只有当温度达到600℃后,才能按照设定的程序以正常速度加压。当温度升至设定的终温并开始保温时,压力才能升至设定的全压力值,进入保温、保压阶段。

金刚石钻头的热压工艺曲线如图4-7所示(非完全定量关系)。钻头配方不同应优化配合不同的热压参数,因而有不同的曲线形式。配方不同,烧结温度、升温速度、保温时间、热压压力以及出炉温度等都不相同,热压工艺曲线必然不同,表明热压工艺参数不同。

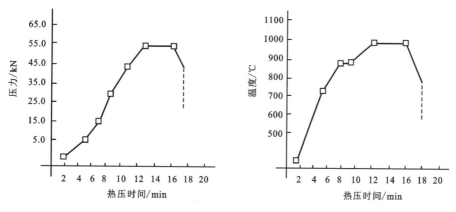

图4-7 热压钻头温度与压力曲线示意图

热压工艺曲线是热压孕镶金刚石钻头的工艺参数的综合体现,其中包括烧结温度、升温速度、开始加压时间、升压速度和压力大小、保温开始时间、保温保压时间以及出炉温度与出炉后的冷却要求。热压孕镶金刚石钻头的工艺参数设定可参见表4-2。

保温到设定时间后,停电停止保温,但仍然继续保压。直到模具温度下降至出炉温度(780~820℃),停电卸压,钻头出炉,置于保温条件中缓慢冷却。

热压压力的计算以设计的单位面积上的压力为依据,在热压设备上反映的数值单位是kN或MPa。"kN"反映的是压力的大小,1kN=1000N,即约为100kg;"MPa"反映的是单位面积上的压力,即压强,1MPa=10kg/cm²,即1kg/cm²,为0.1MPa。热压机上显示的数值为总的压力或压强,计算时必须把烧结钻头的底唇面积全部包含在内。

表 4-2 热压孕镶金刚石钻头工艺参数

序号	时间/min	温度/℃	压力/kN	备注
1	5.50	550	0	
2	0.50	600	5	
3	2.00	800	10	
4	0.50	820	20	
5	1.00	900	25	
6	0.50	920	30	依据配方
7	1.50	980	45	依据配方
8	5.0~6.5	980	45	
9	2.00	780	10	
10	0.20	750	0	

5. 降温、降压与出炉

降温与出炉温度应根据黏结金属的液相线确定,采用电阻炉烧结时,由于升温缓慢,炉内保温条件较好,以 663-Cu 合金为黏结金属时,均采用 780～820℃ 为出炉温度,出炉后放置于保温材料中缓慢冷却。而采用中频炉烧结时,当保温完毕,3min 左右钻头与模具的温度即可降到 800℃ 左右,其降温速度显然比电阻炉要稍快。此时,钻头的"金相"已经形成,内应力已经产生,此阶段降温与冷却工艺不合理,钻头可能出现裂纹或在使用过程中掉块。

产生内应力的根源是不同材质(胎体粉料、金刚石、钢体、保径材料及模具等)具有不同热膨胀与收缩系数,产生不同的膨胀与收缩量。其产生过程与变化量还取决于温度和降温速度。因此,在采用 663-Cu 合金为黏结金属时,其出炉温度应在 800℃ 左右为宜,出炉后对钻头应继续采取措施,缓慢降温,以保证钻头内应力最小,确保热压孕镶金刚石钻头的质量。

热压较小规格的孕镶金刚石钻头时,可以选用智能电阻炉,只要热压工艺参数设计合理,不会影响钻头质量。采用智能电阻炉热压孕镶金刚石钻头还能节省电能,降低生产成本,提高生产效率。

三、预合金粉胎体热压钻头

孕镶金刚石钻头的胎体材料体系主要有两大类:单质金属粉末体系和预合金粉末体系,两类材料的性质有较大的区别,因此设计热压工艺参数时的出发点有所不同,这样才能确保孕镶金刚石钻头的性能与质量。

胎体材料是钻头性能的基础,而热压工艺参数则是钻头胎体性能的保障,因而热压工艺参数是钻头质量的重要保障因素。预合金粉胎体材料的特性是粉料为超细颗粒(300～320目),粉料中的各种成分已经合金化,不会突显每种单质的特性,其中铜与铁、钴、镍、锰等金属已熔为合金。虽然在预合金粉胎体材料体系中,纯铜粉含量较低,一般在12%左右,但实际上在整个钻头胎体材料中,铜元素的含量并不是很低。这是热压工艺参数的设计基础。

热压工艺参数中,热压温度不需要像制备传统热压单质金属粉金刚石钻头那样高,保温时间也可以适当缩短。但为了达到孕镶金刚石钻头所需的各项胎体性能,压力必须提高,实现热压融合,确保孕镶金刚石钻头的硬度与耐磨性等性能达标。因而,胎体材料与热压参数合理配合的设计思路存在一定区别,必须有别于普通热压钻头的热压工艺参数。

超常压力的思路源于热等静压方法。热等静压可以实现高温条件下超高压力,实现金属材料的热压融合,明显提高钻头胎体的致密性。这种性能使得热压金刚石钻头胎体与岩石间的摩擦磨损机理发生了质的变化,改变了钻头胎体与岩石的作用方式,可实现钻头胎体略超前金刚石磨损,确保金刚石的适时、有效出刃,钻速快且稳定。

适当降低烧结温度和缩短保温、保压时间,可以减少温度对金刚石的热腐蚀,确保金刚石的原始强度不下降,延长金刚石钻头的使用寿命。

四、超常热压工艺参数研究

超常热压参数指压力参数超出普通热压工艺参数的范围,其中主要是指压力的明显提高。而对于温度参数,由于胎体材料体系不同,存在一定的区别。采用单质金属粉和预合金粉时,由于两种材料的物理力学性质相差较大,对于热压过程中的温度与压力要求必然存在差异。

参照普通热压单质金属粉胎体材料,热压预合金粉胎体钻头的设计温度在930~960℃之间,设计温度相对稍低;而压力通常设计在15~18MPa之间,最高可达20MPa;保温时间设计为5.0~6.0min。因此,对于单质金属粉胎体材料,超常热压就是在较高且合理温度的作用下,配合高压力的融合作用,进行高性能的孕镶金刚石钻头的研究与试验。

参照孕镶预合金粉热压金刚石钻头前期研究,设计温度在930~960℃范围内,设计温度相对较低;而设计压力相对较高,在17~19MPa范围内;保温时间设计为4.5~5.5min。因此,对于预合金粉胎体材料,超常热压就是在较低且合理的温度作用下,配合高压力融合作用,进行高性能的孕镶金刚石钻头的研究与试验。

超常热压工艺试验研究不同于普通热压钻头的工艺技术,设计了较慢的升温速度和2~3次的中间保温、保压工艺,每次保温、保压时间为20~30s,以期获得均匀而致密化程度较高的孕镶金刚石钻头胎体性能。

1. 热压温度的影响

温度参数除了包括温度高低之外,还涉及保温时间的长短。保温时间对钻头的性能会产生积极的影响,因为保温时间提供了胎体材料间的热交换时间,有利于胎体致密化程度的提高。单质金属粉胎体和预合金粉胎体的保温时间是有区别的,一般情况下,热压单质金属粉胎体的保温时间在5.0~6.5min之间,多数情况下设定为6.0min;而预合金粉胎体的保温时间在4.5~5.5min之间。

针对温度因素的试验研究,采用单因素试验方法。试验热压温度参数时,预设压力参数为18MPa,试验过程中保持不变,保温、保压时间为5.0min;温度设计为3个等级,即930℃、

940℃和950℃。以胎体试样的硬度、磨损量和实际密度3项指标衡量胎体的性能,其结果如表4-3所示。

表4-3 温度对胎体性能的影响试验

温度/℃	硬度(HRC)		磨损量/mg		密度百分比/%		备注
	配方1	配方2	配方1	配方2	配方1	配方2	
930	28.0	28.5	190	184	98.2	98.5	压力为18MPa且不变
940	28.3	28.8	187	181	98.4	98.7	
950	28.5	29.1	183	177	98.7	98.9	

注:胎体的磨损量采用MPx-2000型摩擦磨损试验机测试。

胎体的实际密度采用DA-300MP测试仪测试,测试值与理论密度之比为密度百分比(%)。

2. 热压压力的影响

对于压力因素的试验研究,依据上述对胎体材料的分析和普通热压钻头的压力参数的研究,本次试验中压力设计为4个水平,即17MPa、18MPa、19MPa和20MPa。

试验热压压力参数时,从前期的试验可知,当压力由16MPa逐渐上升时,试件的硬度在19MPa前基本呈直线上升,其斜率几乎相同;而当压力接近19MPa时,胎体的硬度变化幅度有所改变,曲线有变平缓的趋势,19~20MPa间出现了较明显趋缓的状态,其硬度增加幅度较前面变小。配方2的试验结果如图4-8所示。如果继续增大压力,胎体试件的硬度将沿着这个较缓趋势继续增大,但继续增大压力的意义不明显,对能量消耗和模具都是不利的。

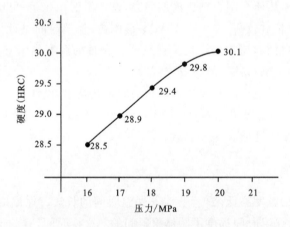

图4-8 压力对试件硬度的影响

在温度一定的条件下,压力对胎体性能影响的规律呈递增的趋势,且比较明显。由此可知,无论采用配方1还是配方2,在温度一定的条件下,随着压力的提升,其硬度、耐磨性与实际密度都是提高的。采用配方2制得的钻头硬度、耐磨性与实际密度都要高于配方1,这是胎体材料的影响结果,同时受温度与压力的综合影响。

由上述试验可知,钻头胎体材料对钻头性能的影响较明显,说明其基础作用是重要的;而压力的影响表现比较突出,一直呈正增长的趋势。

3. 温度与压力全面设计试验

热压孕镶金刚石钻头的性能试验研究,属于实验性的研究,因为它不仅与胎体材料有关,还与优化配合的热压工艺参数、钻头的科学结构密切相关,与岩石的性质有关。只有通过多次试验与优化,才能找到理想的胎体材料体系,实现热压工艺参数与胎体材料的优化配合,设计与研制出科学的、适应性好的、高效的、长寿命孕镶金刚石钻头。

采用单因素试验研究温度与压力的影响时,两个基本配方制得的钻头都具备良好的性能,配方 2 优于配方 1,18MPa 优于 17MPa,940℃ 优于 930℃,温度的影响不如压力的影响明显。在设计试验的取值范围内,提高压力与温度对胎体性能的影响都呈提高趋势,但不能获得最优值。因此,有必要进行全面试验研究,即温度因素 T 三水平与压力因素 P 四水平组合试验,如表 4-4 所示。二因素组合试验中,T 表示温度,三水平分别为 930℃、940℃ 和 950℃;P 表示压力,四水平分别为 17MPa、18MPa、19MPa 和 20MPa。同时,保温与保压时间参照常规预合金粉钻头制造的经验,取中间值 5.0min;热压过程中设两次中间保温、保压阶段,每次时间为 25s。

表 4-4 温度三因素与压力四因素设计

温度因素 T	压力因素 P			
	P1(17MPa)	P2(18MPa)	P3(19MPa)	P4(20MPa)
T1(930℃)	T1P1	T1P2	T1P3	T1P4
T2(940℃)	T2P1	T2P2	T2P3	T2P4
T3(950℃)	T3P1	T3P2	T3P3	T3P4

根据配方 2 制得的试件热压后的检测结果如表 4-5 所示。由试验结果可知,温度与压力对钻头的性能提高都有贡献,相比之下,温度的贡献小于压力的贡献;而温度与压力综合作用下,钻头性能提升明显。由此可知,采用 T3P3 组合参数,可以取得良好的钻头性能,T3P4 组合虽然取得的指标好于 T3P3 组合,但从综合经济效益角度分析,T3P3 组合比较适合应用于孕镶金刚石钻头的实际制造中。

表 4-5 温度三因素与压力四因素设计试验结果

指标	T1P1	T1P2	T1P3	T1P4	T2P1	T2P2	T2P3	T2P4	T3P1	T3P2	T3P3	T3P4
硬度(HRC)	28.0	28.3	28.6	28.7	28.1	29.4	29.5	29.7	29.3	29.6	29.9	30.1
磨损量/mg	170	167	163	162	164	162	160	168	159	157	154	151
密度比/%	98.6	98.7	98.7	98.9	98.7	98.8	98.9	98.9	98.8	98.9	99.1	99.2

4. 超常压力工艺参数试验结果与分析

在上述研究的基础上,以配方 2 及其对应的热压工艺参数 T3P3,即温度为 950℃和压力为 19MPa,试制了 3 个规格为 φ75/49mm 的普双金刚石钻头,采用粒度为 30/40 目与 40/50 目、SMD40 型金刚石。试验钻头在河南洛阳某金矿勘探中使用,钻进岩石为可钻性Ⅷ级岩石,钻进时效平均为 2.02m/h,平均寿命达 121.4m,使用效果比较理想。钻探现场提供的数据如下:在相同钻孔中,采用相同钻进工艺参数,其他厂家的钻头钻进时效平均为 1.81m/h,钻头平均使用寿命 89m。该试验钻头的效果优于其他厂家同类产品。

由试验结果可知,在可钻性为Ⅷ~Ⅸ级的岩石中进行钻进试验,试验钻头的钻进效果与在同一钻孔中其他厂家钻头相比效果最好,具有明显优势。分析其原因在于钻头胎体采用了预合金粉材料,热压工艺参数实现了超常压力的优化配合,使得钻头胎体能够实现有效热压融合,钻头胎体的致密性得到提高,包镶金刚石的强度达到最佳;同时,钻头的摩擦磨损机制发生了改变,金刚石出刃效果得到提升,因而能够达到高效钻进与长寿命的效果。

试验用的孕镶金刚石钻头,其外部形貌如图 4-9 所示。

图 4-9 超常热压孕镶金刚石钻头外部形貌

本次研究试验采用超细预合金粉作为钻头胎体材料,优化配合超常压力和较低温度制造孕镶金刚石钻头,取得了较理想的效果。

(1)超常热压工艺参数是基于普通热压方法存在的不足发展而来的,通过明显提高热压压力改变了对制造孕镶金刚石钻头的基本认知;配合预合金粉材料,有利于形成均匀、致密的钻头胎体组织结构;超常热压有利于大幅度提高钻头胎体的实际密度和力学性能,钻头胎体的平均实际密度达到理论密度的 99.1%。

(2)实践表明,超常热压能够实现胎体材料与金刚石的有效融合,不仅包镶金刚石的强度高,而且金刚石出刃量高、出刃好,金刚石出刃搭接合理,能够兼顾达到高时效和长寿命的钻进效果。

(3)采用超常热压方法制备的胎体性能独特,钻进过程中展现了不同于一般钻头的摩擦磨损机理和金刚石破碎岩石的方式,金刚石能够充分发挥作用,3只试验钻头的平均使用寿命达到121.4m,钻进时效达到2.02m/h。

(4)超常热压方法试验研究仅持续两年多,热压温度与压力参数还需要进一步优化,与之相配合的胎体材料体系,还有待进一步深入试验研究,以趋完善。

第五章　新结构新工艺孕镶金刚石钻头研究

热压孕镶金刚石钻头的结构对钻头的性能和钻进效果会产生显著的影响，其重要性应等同于钻头的胎体性能。钻头的结构包括钻头底唇面的形状与结构，更重要的是包括钻头工作层内部的结构，同时还包括钻头的水路系统和保径层结构等。

国外对金刚石钻头结构的研究不多，如美国、德国与俄罗斯等国，对钻头结构的研究几乎都集中在钻头底唇面形状和结构方面，这对于提高钻进效果和改善钻头对岩层的适应性不能起到根本性的改变。

设计热压孕镶金刚石钻头结构的指导思想如下：改变钻头底唇面与岩石全面积接触状态，改变以磨削或研磨为主的破碎岩石的方式，改变钻头破碎岩石的机理和破碎岩石的方式，实现分环方式破碎岩石；钻头在钻进过程中能够形成众多的破碎穴或破碎槽，并利用这些破碎穴与破碎槽效应，代之以体积方式破碎孔底岩石；同时利用钻进中钻具的复合振动和冲洗液的冲蚀作用，综合各种方式与优势破碎岩石。这种结构的钻头，钻进过程中所产生的岩粉粒度较粗，有利于孕镶金刚石钻头胎体适时磨损和提高金刚石的出刃效果。上述各种因素的综合作用，可以明显地提升钻头的钻进效果，改善钻头对岩层的适应性。

不同结构类型的钻头包括分层复合型结构的钻头、含助磨体结构钻头、复合体镶焊式钻头以及组合扇形体金刚石钻头等。这些结构类型均能够明显提高钻进效率，也能够确保钻头获得较长的使用寿命，能够改善钻头对岩层的适应性并基本保障钻头的平稳运转。自磨出刃热压孕镶金刚石钻头，就是一种分层复合型结构的钻头。

在钻头结构设计中，不能忽视水口的结构参数设计。水口的主要功能是及时排出岩粉和有效冷却钻头。但水口还有其他功能，如调整钻头底唇面与岩石的接触面积，达到调整钻头对岩石的适应性和提高钻速的目的。一般水口宽为5～6mm，但是若要提高钻速，在钻头胎体配方、热压参数以及金刚石参数不变的情况下，可以加宽水口至7～8mm。

由于热压孕镶金刚石钻头的胎体性能的需要，必须科学设计钻头胎体材料配方，同时设计与胎体材料优化配合的热压工艺参数，才能达到孕镶金刚石钻头所必备的性能要求，满足高效、长寿命的钻进要求。

对于电镀金刚石钻头，目前镀液成分与电镀工艺参数基本能够保障电镀金刚石钻头的质量。对于电镀镍基合金（如镍-钴合金）胎体金刚石钻头，随着电镀时间的推移，镀液成分会发生变化，镀层中镍与钴的比例会发生变化，直接影响金刚石钻头性能的变化，这是不得不关注的问题。目前，大多数电镀金刚石钻头公司都难以很好地实现电流密度与温度的优化配合，同时，各电镀参数的稳定性，镀液中杂质是否及时有效清除以及加入金刚石的方法等，都会影响电镀金刚石钻头的质量，影响钻头公司的技术指标和经济效益。

第一节　钻进坚硬致密岩层的孕镶金刚石钻头

地质勘探工程中经常会遇到坚硬致密岩石,这类岩石的特性是压入硬度一般达到4500MPa或更高;钻进时效很低,多数情况下钻速小于0.5m/h,甚至有时会出现钻头不进尺的现象,而钻头胎体磨损极少,钻头唇面甚至被抛光。遇到这种岩石时,钻探人员多采用低硬度钻头和向孔内投砂等物理化学方法,并采用人工方法使金刚石出刃。这些方式虽然可以收到一定的效果,但不能从根本上解决问题。这种情况的出现影响了钻探工程的进程,提高了钻探成本。广大钻探工作人员都希望钻头的质量能够出现明显改善,尽快解决这类岩石钻进难的问题。

一、坚硬致密岩石钻进难的原因

从钻进理论分析可知,要提高钻速,必须具备两个基本条件:一是要有合理且足够的压力加在钻头上;二是需要较快的钻头转速,提高破碎岩石的频率。由于坚硬致密岩石的结构致密,压入硬度高;而钻进压力受钻杆柱的材质和稳定性的影响,因而不允许大幅度提高钻进压力,这就导致钻头在钻进时金刚石不能有效出刃和切入岩石。同时,越是坚硬致密的岩石,金刚石破碎岩石的时间效应越明显,即金刚石从受力到压裂、压入岩石,到岩石破碎需要一定的时间;所需时间越长,表明时间效应越明显,破碎效率越低。同时,在钻压不足以让金刚石切入岩石的情况下,钻头的转数越高,破碎岩石的效果越差。钻压不足,导致提高钻头转数难以提高钻进效率,钻速必然很低,甚至出现钻头抛光现象,俗称"打滑"现象,钻进无法进行。

钻压不足时,金刚石以表面方式或疲劳方式破碎岩石,单位时间内产生的岩粉少,岩粉颗粒细,对金刚石钻头胎体的磨损作用变弱,胎体不能做到略微超前金刚石磨损,而使金刚石不能有效出刃。这样就造成金刚石难以在胎体表面适时、有效出刃,不能有效切入岩石并以体积方式破碎孔底岩石,形成恶性循环,导致钻速很慢。

钻头的胎体性能、金刚石参数以及钻头的结构与所钻进的坚硬致密岩石不相适应,即钻头的胎体硬度与耐磨性、钻头的结构不合理,使得胎体不能得到磨损,再加之金刚石参数不合理,不能适时有效出刃,必然造成钻速低,甚至出现钻头"打滑"现象,无法正常钻进。

普通孕镶金刚石钻头与孔底岩石为全面积型接触,几乎无破碎穴可言,亦无自由面可言,这是造成钻进效率低的又一个重要原因。设计孕镶金刚石钻头的新型结构,能够有效改变钻头的受力条件和破碎岩石的方式,提高破碎岩石的效果,这是研究孕镶金刚石钻头结构的重要思路。因此,钻头胎体的硬度与耐磨性是关键,钻头的合理结构和金刚石参数是重要因素,这是研究试验钻进坚硬致密岩石钻头的基本思路和依据。

二、钻进坚硬致密岩石钻头的设计

1. 钻头胎体性能试验研究

电镀金刚石钻头之所以对岩层的适应性较好,钻进坚硬致密岩石时能够取得一定的效果,其主要原因在于:①电镀金刚石钻头的胎体具有较高的强度,合理的硬度与一定的耐磨性,能够适应较大的钻进压力;②电镀金刚石钻头胎体中的微孔隙较发育,胎体的实际密度不高,因而其耐磨性不强,有利于金刚石出刃;③电镀金刚石钻头由于胎体的孔隙度较高,钻头的底唇面比较粗糙,胎体与岩石间的摩擦磨损机制不同于热压金刚石钻头,而优于热压金刚石钻头,胎体中的金刚石能够实现适时、有效出刃。电镀金刚石钻头的这些特点,为研制钻进坚硬致密岩石的热压金刚石钻头开拓了技术思路,提供了科学方案。

首先分析钻头的胎体性能,决定胎体性能的因素是胎体材料和热压工艺参数。

试验研究表明,采用预合金粉作为钻头胎体材料,有助于提高金刚石钻头的出刃效果,同时有助于提高胎体包镶金刚石的强度。为此,我们进行了预合金粉胎体材料优化组合和胎体性能的试验研究,优选的胎体材料有 FJT-A1、FJT-A2、FJT-06、FeCuMn、FeCuNi、CuCoSn、663-Cu 合金、FeCuCr 及 WC、YG8 等预合金粉材料。

依据多年的实践经验以及预合金粉的特性,与胎体材料相配合的热压工艺参数如下:温度 930~960℃,压力 16~20MPa,保温时间 4.5~6.0min,以此为基础进行试验。第一轮胎体配方设计试验以及所实现的胎体性能指标如表 5-1 所示。

表 5-1 金刚石钻头的预合金粉胎体配方

胎体成分	Z_1 FeCuNi	Z_2 FeCuMn	Z_3 FJT-A2	Z_4 CuCoSn	Z_5 FJT-06	Z_6 WC	Z_7 663-Cu	硬度(HRB)
PF-1	26%	17%	15%	10%	14%	6%	12%	98.6
PF-2	25%	15%	12%	9%	17%	12%	10%	101.7
PF-3	26%	14%	11%	7%	14%	20%	8%	105.2
PF-4	24%	20%	18%	8%	15%	—	15%	89.4

在本试验钻头的结构设计中,将其工作扇形体 S 分为主工作体 S1 和辅助工作体 S2,如图 5-1 所示。由表 5-1 可知,PF-2 及 PF-3 两种配方对应的胎体材料的硬度(HRB)分别为 101.7 和 105.2,二者都可以作为钻进坚硬致密岩石钻头的 S1 胎体的材料。

对于辅助工作体材料,要求其胎体硬度比主工作体硬度至少低一个级别。依据前期试验研究结果,硬度(HRB)为 90~95 的材料基本能满足要求。而根据 PF-1、PF-4 配方制得的材料硬度(HRB)为 98.6 和 89.4,可以作为钻头胎体 S2 的胎体材料。制得组成该结构的钻头胎体材料后,可以试制出复合强-弱扇形工作层结构的孕镶金刚石钻头,以期获得好的适应性和钻进效果。

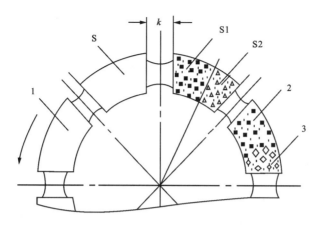

1.扇形工作体;2.主工作体;3.辅助工作体。
图 5-1 复合强—弱扇形工作层结构示意图

上述常用的几种预合金粉中,FeCuNi、FeCuMn、FJT-A2、FJT-06、663-Cu 合金、WC 等预合金粉材料,都可以加以选择和试验,可以调整主、辅工作体的面积比例,得到优化的配合。只要依据岩石的"打滑"程度,适当调整各胎体材料原料的含量比,并合理设计和调整工作层的结构,就可以获得好的钻进结果。

上述是基于胎体硬度的考虑,但实际上对金刚石钻头的设计与选型,考虑钻头胎体的耐磨性更能符合实际情况,更具有实用性。对根据表 5-1 中的 4 种配方所得试件,进行了耐磨性检测,其结果见表 5-2。以磨损量表征胎体的耐磨性,磨损量越大,耐磨性越低。

试验用的试件规格为 8mm×8mm×15mm(受测试仪限定),采用相同配方与热压参数制成试件。测试条件为压力 3.0MPa,转速 400r/min,时间 5min。以检测磨损前后质量差值表示胎体的耐磨性,各测试 3 个试件取平均值,测试结果见表 5-2。测试结果表明,试件的硬度与耐磨性指标具有较好的对应性,可制造钻进坚硬致密岩石的金刚石钻头。

表 5-2 试件耐磨性的检测结果

性能	配方			
	PF-1	PF-2	PF-3	PF-4
硬度(HRB)	98.6	101.7	105.2	89.4
磨损量/mg	240	216	174	334

2. 钻头的结构设计

1)结构设计

针对上述分析,钻进坚硬致密岩石时,在同等的、可提供的钻压条件下,首先必须解决钻头上每颗金刚石能够获得足够的压力而有效切入岩石,以体积方式破碎岩石的问题。因此,必须在钻头的结构上进行创新设计,对于同等规格且性能相近的钻头,可以从两方面进行具体设计。

其一，减少主工作层与孔底岩石的接触面积，以获得较大的钻进单位压力，使金刚石能够实现以体积方式破碎岩石，达到破碎岩石的最好效果；同时不能过分增大水口的面积。因此，只能合理设计复合型扇形工作体的结构，如图5-1所示。图5-1中，S为钻头的一个扇形工作体，k为钻头水口宽度，S1、S2分别为扇形工作体中的主工作体和辅助工作体。主工作体S1硬度、耐磨性高，配备的金刚石质量好、浓度高，是破碎岩石的主体；而辅助工作体S2硬度、耐磨性较低，金刚石的质量较差、浓度低，起着辅助破碎岩石的作用，同时可有效支撑主工作体。

在上述钻头的结构中，由于辅助工作体S2具有硬度与耐磨性低的特点，消耗钻压较小，而将一部分钻压转移至主工作体S1上，提高了主工作体S1面上的钻压，提升了金刚石的出刃效果，实现提高金刚石有效切入岩石的能力和钻进效果。

其二，合理设计并调整好主工作体与辅助工作体的面积比例和性能。合理设计并调整好S1与S2的面积比例和性能，可以改变钻头的工作特性和破碎岩石的方式，获得好的钻进效果。在设计过程中，为了简化钻头结构与钻进压力的量化，引入一种"压力-磨损因子δ"，便于指导主-辅工作体性能和比例的具体设计，作为衡量金刚石出刃效果的指标。

压力-磨损因子δ受岩石力学性质的影响，同时受钻进工艺参数的影响，它关系到钻进效率和钻头的使用寿命。目前，压力-磨损因子δ还不能完全依靠理论计算获得，必须依据实验数据和数理统计方法，逐步完善其理论并达到理想的实用目的。

在钻头水口规格确定的前提条件下，钻头的扇形工作体全部为主工作层时，δ为100%；随着δ值下降，即辅助工作体S2面积增加，钻头的耐磨性下降，钻速得到提高。试验表明，在坚硬致密岩石中钻进时，δ的取值范围在50%～75%之间。在这个条件下，主工作体上的钻进比压得到提高，胎体的耐磨性相应降低，金刚石的出刃效果逐步变好，钻速逐步得到提高。

针对δ的取值范围进行试验，δ取值为50%、55%、60%、65%、70%、75%，且将钻头全部作为主工作体，即δ为100%视作一个因素，进行耐磨性试验。其试验目标为测试试件的磨损量，以此作为设计钻进硬—坚硬致密岩石金刚石钻头的重要依据。

2）钻头结构试验

试验设计中制备主工作体S1配方采用PF-2和PF-3，硬度（HRB）分别为101.7和105.2；制备辅助工作体S2的配方为PF-4，其硬度（HRB）为89.4；δ取值为50%、55%、60%、65%、70%、75%、100%，试验并测试7个试件的磨损量，得出每个试件的耐磨性，即可得出不同δ取值条件下钻头的耐磨性。采用MPx-2000摩擦磨损试验机测试，以试件实际磨损量表示耐磨性，磨损量越大，表明耐磨性越低；采用PF-2配方制得胎体材料的测试结果如图5-2所示（非完全定量关系）。

试验表明，随着δ值增大，主工作体的占比越大，试件的耐磨性越高；而当δ取值为100%时，即全部为主工作体时，钻头的耐磨性最高，即磨损量最小。该试验没有引入金刚石参数因素，如果引入金刚石的浓度和品级等影响因素，试件的耐磨性还会出现一定程度的变化，一般随着δ值的增加，耐磨性逐渐增强。

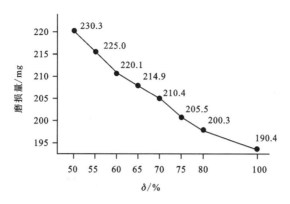

图 5-2 PF-2 配方、不同 δ 值所对应的磨损量

3. 金刚石参数设计

从岩石破碎机理可知,金刚石参数存在着优化值,因此研究和设计金刚石参数是必要的。因为金刚石孕镶在钻头胎体内部,所以它必须随着胎体的微超前磨损而出刃,只有出刃并受到了足够的钻压作用的金刚石才能有效切入岩石,配合钻头合理的转速实现有效钻进。

金刚石参数包括金刚石的粒度、浓度和品级,每一项参数都可以对钻头的质量和适应性产生影响。试验资料表明,金刚石的浓度最高不能超过 115%,超过这个浓度,金刚石钻头的钻进效率和钻头的使用寿命就会明显下降,钻进成本提高。出现这种情况的原因是当金刚石的浓度接近 115% 时,钻头胎体中的金刚石尾部支撑将全部失去,胎体包镶和支撑金刚石的能力下降,金刚石就会出现提前脱粒的现象,钻头的使用寿命将明显缩短。

金刚石的浓度会直接影响每颗金刚石上的钻压,在有限的钻压条件下,金刚石浓度越高,每颗金刚石所受的压力越小,对于坚硬致密岩石的切入不利,或使得破碎岩石的方式由体积方式变成研磨方式或疲劳方式,钻进效率必然大幅度地下降。因此,钻进硬—坚硬而致密岩石钻头的金刚石粒度一般不超过 30/40 目。

制备孕镶金刚石钻头时必须依据岩石的力学性质与金刚石的粒度采用不同的浓度。这是因为孕镶在胎体内的金刚石与胎体的接触面积随粒度增大而呈抛物线增加,即粒度增加幅度不大,其接触面积增大很多,如图 5-3 所示。当孕镶金刚石粒度增大到一定程度时,则不能自锐,同时钻速下降。相反,如果金刚石细到一定程度时,其与胎体的接触面积甚小,金刚石很快随胎体磨损而掉粒,钻速很低,二者关系见图 5-4。理论计算与试验都证实了这些结论的正确性。

金刚石的粒度必须随岩石的类型及其力学性质而适时调整。实践表明,在金刚石浓度一定的前提下,较细粒金刚石的比表面积较大,能够提高钻头的耐磨性;而较粗粒的金刚石在坚硬致密岩石中钻进时,其时间效应比较明显,不利于提高金刚石切入岩石的效果,不利于提高钻速,且金刚石的粒度增大到一定程度,钻头难以自锐。

金刚石的粒度与浓度有一个合理的配合值。在相同浓度条件下,粒度大的金刚石比粒度小的金刚石的总受力面积要小,因而在相同钻压下,细粒金刚石的单位面积比压较小,为此可以通过降低细粒金刚石的浓度而提高单位面积比压,达到提高细粒金刚石钻头钻速的目的。

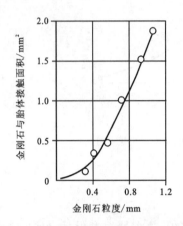

图 5-3　金刚石粒度与胎体接触面积的关系　　图 5-4　金刚石粒度与钻速的关系

由此可见,较小颗粒金刚石的钻头,除了钻进坚硬致密岩石的时间效应不显著外,还具有金刚石的浓度较低、自锐更新较快、抗破碎强度较高等特点。这是合理设计钻进坚硬致密岩石的金刚石参数的基础。

在金刚石参数中,金刚石的品级同样重要。低品级的金刚石抗破碎强度低,硬而致密的岩石往往硬度高,切入阻力大,不选择高品级的金刚石难以以体积方式破碎岩石,难以实现有效钻进。由此可知,针对岩石的力学性质,只有将金刚石的品级、粒度和浓度优化组合起来,才能收到好的钻进效果。

三、钻进坚硬致密岩石钻头的研制与试验

1. 钻头研制

在上述试验研究与分析的基础上,对钻进坚硬致密岩石的钻头进行设计与研制。钻头的结构采用如图 5-1 所示的复合型扇形工作体,压力-磨损因子 δ 设计为 65%,即主工作体 S1 面积约占扇形工作体 S 面积的 65%,辅助工作体 S2 面积约占扇形工作体 S 面积的 35%,水口的宽度 k 设计为 6mm。

钻头的胎体性能,可依据表 5-1 所示的试验数据设计,选择 PF-1 和 PF-2 两种配方作为主工作体 S1 胎体材料;同时,设计钻头辅助工作体 S2 胎体性能时,采用 PF-4 作为辅助工作层胎体材料比较合理;工作层高设计为 13mm。

试验钻头的金刚石参数相同,便于对胎体性能进行对比。试验钻头主工作体 S1 的金刚石参数设计如下:金刚石浓度为 85%;金刚石粒度为 40/50 目和 60/70 目,其含量比分别为 65% 与 35%;金刚石的品级为 SMD40。试验钻头辅助工作体 S2 的金刚石参数设计如下:金刚石浓度为 50%,金刚石粒度为 50/60 目,金刚石品级为 SMD30。

试验钻头的规格为φ75mm的普通双管,试制钻头的热压工艺参数设计如下:温度为945℃,压力为18MPa,保温时间为5.5min,出炉温度为780℃,出炉后缓慢冷却至室温,脱模。

根据两种配方研制的两个钻头在新疆某矿区进行实钻试验,试验岩石为石英岩状细砂岩,均匀分布次角状碎屑石英,晶粒间紧密接触,粒径为0.05～0.2mm,含量达90%。造岩矿物颗粒细、硬而致密,经岩石压入硬度仪检测,压入硬度达到4600MPa,可钻性属Ⅸ级。钻进过程中出现打滑现象,属于坚硬致密的岩石。

试验钻头的钻进结果见表5-3。

2. 钻进试验分析

钻进试验中的钻进参数如下:钻压为8.5kN,钻头转数为574r/min,冲洗液流量约30L/min。试验结果如下:PF-1配方钻头的进尺为68.6m,平均时效为1.87m/h;PF-2配方钻头的进尺为72.7m,平均时效为1.75m/h;两个试验钻头的平均钻进时效为1.81m/h,钻头平均寿命为70.65m。现场收集了5个普通结构钻头的钻进资料,并进行对比,其钻速平均为1.42m/h,钻头平均进尺为56.4m。试验对比表明,本次试验第一轮复合热压钻头比在同一矿区使用的普通结构钻头的钻进时效平均提高了0.39m/h,钻头使用寿命平均提高了14.25m,效果明显,详细数据见表5-3。

表5-3 普通热压钻头与复合热压钻头钻进效果对比

类型	指标				
	平均钻时/h	平均进尺/m	平均时效/(m·h^{-1})	时效比较/%	钻头寿命比较/%
普通热压钻头	39.7	56.4	1.42	100	100
试验PF-1钻头	36.6	68.6	1.87	131.7	121.6
试验PF-2钻头	41.5	72.7	1.75	123.2	128.9

由试验与分析可知,本次研究试验的复合热压钻头的优势比较明显,钻头的寿命与钻进时效指标有明显的提升,钻探成本有一定程度的下降。本次研究的钻头在时效和寿命方面能够超出普通结构的金刚石钻头,主要原因有以下4点:①钻头的结构有优势,这种复合型结构改变了普通钻头工作层与孔底岩石的全面接触状态,因而能够改变钻头破碎岩石的方式,有利于提高钻进效果;②采用了预合金粉作为钻头的胎体材料,并优化了胎体材料配方,设计了合理的热压工艺参数,使得钻头的性能有了提升;③由于钻头的结构特点,主、辅工作层的性能差别,金刚石的利用率有了提升;④在钻进试验中,钻进参数设计合理,操作规范。这4方面综合作用,使得本次研究试验取得了成功,为后续提升钻进硬—坚硬而致密岩石的钻头质量打下了良好的基础。

3. 结论

(1)作者针对坚硬致密岩石的钻进特点,试验研究了一种复合型结构热压金刚石钻头,每个钻头的扇形工作体由不同性能的主、辅工作体两部分组成,改变了普通钻头胎体与孔底岩石的接触状态以及岩石的破碎与磨损方式,因而有利于提高钻头的钻进效果。

(2)优选了目前推广应用的预合金粉作为钻头的胎体材料,优化配合热压工艺参数,制得的胎体性能优良,不仅对金刚石可以实现有效包镶,而且金刚石的自锐性能好。

(3)主、辅工作体性能和金刚石参数得到优化配合,降低了钻头的耐磨性,改变了钻头与岩石的磨损机理,能够确保金刚石有效地切入岩石;与普通钻头相比钻进时效提高 0.39m/h,钻头的使用寿命平均提高 14.25m。

(4)为了便于钻头结构设计与研究,作者提出压力-磨损因子 δ 的概念,只需改变压力-磨损因子 δ 值,即可改变复合型结构的两部分性能,改变钻头对岩层的适应性,提升钻头的工作特性和钻进效果。

(5)还需进一步深入地研究和试验,探索钻头复合型结构参数与岩石力学性质间的内在规律,探索压力-磨损因子 δ 与岩性、钻头胎体性能之间的依存、配合关系,实现复合热压金刚石钻头质量的明显提升。

第二节 分层复合型孕镶金刚石钻头

一、引言

目前在深孔钻进时均采用先进的绳索取芯钻探方法,该方法不仅对钻头的钻进效率要求高,对回次长度也有较高的要求。金刚石钻头的高性能必须体现在钻进效率高、钻头的使用寿命长、对岩石的适应性好等方面。因此,必须对金刚石钻头进行优化设计,设计内容包括钻头的胎体性能与胎体材料体系、金刚石参数、钻头工作层的结构以及制造工艺技术等多个方面。

本科研组立足于岩石破碎机理的研究,把金刚石钻头的结构与金刚石钻头的胎体性能以及金刚石参数的重要性等同看待,认为金刚石钻头的结构参数对钻头的使用性能与效果有十分重要的影响。同时,采用冷压成型-热压烧结方法以及制粒技术,制造分层复合型结构金刚石钻头,具有以下优势:①发挥了冷压法与热压法制造金刚石钻头的双重优势,克服了单向加压烧结工艺的不足;②形成孔底环状岩脊与破碎穴,钻进中发挥岩脊与破碎穴优势,孔底岩石呈分环、分别破碎状态;③提高了钻头在钻进中的稳定性,减少钻头非正常磨损,有利于延长钻头的使用寿命;④孔底 20%~25% 的岩石不由金刚石破碎,提高了钻头对岩石的适应性能;⑤由于破碎穴的效应,岩粉颗粒较粗,有利于胎体磨损,金刚石出刃效果好;⑥由于钻头与孔底岩石呈牙嵌状结合,钻头运转平稳,能够防止钻孔弯曲,提高钻孔质量。

从钻头的胎体材料新体系、与胎体材料密切相关的热压新工艺技术、钻头的合理结构、金刚石参数等多方面入手,深入试验研究。在制造工艺技术上采用冷压成型与热压烧结相结合方法,应用制粒技术,最终研制出高效率、长寿命的孕镶金刚石钻头,确保了金刚石钻的质量稳定,满足我国深部、硬岩中绳索取芯钻探的要求。

许多钻进事实表明,钻头在孔底受钻压回转破碎岩石的过程中,由于钻具结构不合理,或钻具弯曲,或钻压过大,或钻头质量不符合要求,或钻孔超径等原因,钻头运转不平稳。钻头失稳使得钻头偏离本身的中心而出现回转偏摆,造成钻头非正常磨损,甚至大大缩短了钻头的使用寿命,也影响钻速。钻进实践中发现,钻头损坏的重要原因之一是钻头回转偏摆,但往往不被人们所重视。一般来说,钻头回转偏摆指钻头偏移钻头几何中心进行回转钻进。在钻头回转偏摆过程中,钻头的瞬时旋转中心总是变化的,不与钻孔中心保持在同一条中心线上。钻头的扇形块有规律地作径向和圆周移动,造成了钻头的回转偏摆。这种回转偏摆与钻头在孔底既有自转又有公转极其相似,但又有区别(图5-5)。由于钻头回转偏摆能够造成金刚石的尾部支撑被破坏,金刚石的包镶牢固程度明显下降,或金刚石在受到冲击时容易被破坏,因而加速钻头的磨损,降低钻进效率,缩短钻头使用寿命。

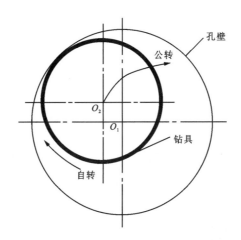

O_1. 钻孔中心;O_2. 钻头的瞬时旋转中心。

图5-5 钻具在孔内运动示意图

如果钻头本身对孔底岩石有较高的把持力(即啮合力),能够吸收钻头的径向力,使得钻头稳定回转钻进而不出现偏摆滑动,就能够有效地控制钻头的非正常磨损。因此,在其他钻进条件相同的情况下,钻进过程中钻头失稳引起的非正常磨损,可以依靠钻头本身的结构优化设计而得到较好的控制与弥补。

普通金刚石钻头的胎体理论上是均质的,整个钻孔底部的岩石均由布满钻头底唇面的金刚石破碎,而实际上金刚石的分布不可能均匀,有密集的区域,也有稀疏的区域,这种状态都不利于有效地破碎岩石,钻头的使用寿命必受影响。要改变这种情况有两种途径:①对钻头工作层中的金刚石进行有序排列;②设计分层复合型结构的金刚石钻头。

上述两种孕镶金刚石钻头,都利用了钻头的结构所产生的岩脊和破碎穴,并利用破碎穴效应,提高钻头的钻速,延长钻头的使用寿命。利用第二种途径研制钻头的思路来源于本科研组的多层有序排列金刚石锯片的设计,这种方法用于制造锯片是可行的,因为锯片的切削单元层是规则的平面形。而利用这种思路设计钻头,冷压成型方法压制出薄层弧面状切削单元的难度大、加工成本高,必须另辟蹊径。经多次试验,科研组成功制成分层复合型孕镶金刚石钻头,经钻进试验效果良好。

分层复合型结构钻头一般指含金刚石工作层在二层以上的钻头(图5-6)。分层复合型结构钻头的特点不在于工作层层数的多少,而在于钻头的胎体中复合了不含金刚石的纯胎体层,有规律地分布在钻头扇形体工作层中,钻头的工作性能因此发生了明显的改变,钻头与孔底岩石的啮合力得到提高,对岩石的适应性有了提高,碎岩效率得到提高。

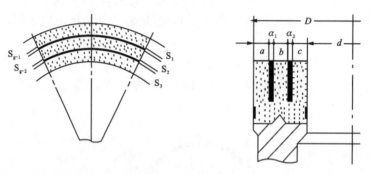

S_1、S_2、S_3. 主工作层;S_{g-1}、S_{g-2}. 辅助工作层(隔层);a_1、a_2. 隔层厚度;
D. 钻头外径;d. 钻头内径;a、b、c. 主工作层厚度。

图5-6 分层复合型结构金刚石钻头设计示意图

相比之下,多层有序排列金刚石工作层的设计属于微观结构设计,而分层复合型结构钻头工作层设计接近宏观结构设计。两种设计的本质基本一致,但钻进效果存在一定差距,破碎岩石机理不完全相同,同时存在不完全一样的适应性。

二、分层复合型结构钻头设计

分层复合型结构金刚石钻头的结构设计如图5-6所示。依据金刚石钻头的不同直径和类型,设计钻头主工作层径向的层数及其层厚,设计不含金刚石层(即辅助工作层)的层数及其层厚;同时设计主工作层和辅助工作层的性能。

图5-6是分层结构的一种形式,钻头的工作层由含金刚石的工作层和不含金刚石的工作层相间组合而成。含金刚石的工作层占钻头工作层的75%~85%,是破碎岩石的主体力量;而不含金刚石工作层只占钻头工作层的15%~25%,所对应的孔底15%~25%的岩石不直接依靠金刚石破碎,而依靠其岩脊与破碎穴效应和钻具的机械振动力以及冲洗液的冲蚀作用破碎。该类孕镶金刚石钻头的性能有15%~20%不受岩石力学性质的约束,由此能够提高分层复合型孕镶金刚石钻头对岩石的适应性。

钻头扇形工作体中不含金刚石的辅助工作层,由于其硬度与耐磨性较低,在钻进的过程中会超前含金刚石主工作层磨损,在钻头的底唇面上磨出一道道环形槽,在孔底的岩石面上对应部位则留下一道道环形岩脊和破碎穴,与钻头的环形槽一一对应。岩脊中的裂隙发育、裂纹交错,岩脊的强度很低,在钻头复合振动和冲洗液的冲蚀作用下较容易被破碎;岩脊破碎后,在孔底会形成浅的环槽破碎穴,这为含金刚石工作层破碎岩石创造了有利条件(图5-7)。同时,由岩脊破碎形成的岩粉颗粒较大,有利于钻头的主工作层胎体的磨损及金刚石的自锐,能够稳定地提高钻速。

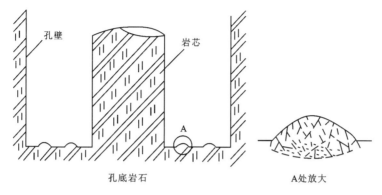

图 5-7 岩脊形成及其效应示意图

三、分层复合型钻头单元层设计

分层复合型结构金刚石钻头的设计基础是所钻进岩石的力学性质,了解岩石的硬度、研磨性和塑、脆性对金刚石钻头的设计至关重要。不同硬度与塑、脆性的岩石,其破碎方式不完全相同。研究发现,硬而脆的岩石,在钻压的作用下以剪切的方式破碎,破碎穴较大,形成的岩脊中的裂隙较发育;而中硬的以塑性为主的岩石,在钻压的作用下主要以切削的方式破碎,形成的破碎穴较小,岩脊中的裂隙不太发育。由此可知,对于硬而脆的岩石,由于其硬度高且研磨性较强,分层结构的层数应该较多,且不含金刚石工作层的厚度应该较薄,这样才有利于提高钻头的钻速和钻头对岩石的适应性。对于中硬的以塑性为主的岩石,分层结构的层数应该减少,不含金刚石的辅助工作层的厚度应该稍厚。

分层复合型孕镶金刚石钻头设计的关键技术是各层的规格以及各层的胎体材料与性能。以 $\phi 101$mm 抽芯钻头为例,其工作层多由 3 层含金刚石主工作层和 2 层不含金刚石的隔层组合而成。隔层的厚度是影响钻头性能的关键因素之一,其厚度在 1.2~1.6mm 之间;其力学性能应比主工作层低一个等级,一般另外设计,此为关键因素之二。这样才能确保主工作层破碎岩石的效率高,而辅助隔层得到相应磨损,能够优化配合起辅助破碎岩石的作用,提高钻头对岩石的适应性与破碎岩石的效率。

辅助隔层的规格与性能设计合理与否,要看钻头磨损后的槽宽度与深度,必要时应该进行调整。依据隔层的性能和钻进岩层的性质,可以加一定数量的磨料,磨料一般为低浓度与低品级金刚石、白刚玉或碳化硅等,多数情况不加辅助磨料。

例如,钻进可钻性为Ⅷ级、中等研磨性岩石,以 $\phi 77/\phi 48$mm 绳索取芯钻头为例进行设计。钻头扇形块的径向厚度为 14.5mm,一般设计为 3 层含金刚石工作层和 2 层不含金刚石工作层比较合适。含金刚石工作层的宽度近于平均分配,考虑要加强内外径部位的强度,内外径部位(图 5-6 中的 S_1 与 S_3)宽度确定为 4.0mm,中间层(S_2)宽度为 3.5mm;不含金刚石的工作层平均分配,各为 1.5mm;即 $a=4.0$mm,$a_1=1.5$mm,$b=3.5$mm,$a_2=1.5$mm,$c=$

4.0mm，见图5-6。这样，胎体的中间部位稍具弱势，耐磨性较低，容易达到设计目的。加上两层不含金刚石的隔层，钻进中超前含金刚石层磨损，形成两道环形沟槽，在孔底亦能形成两道环形凸起的岩脊，岩脊能够吸收径向力，使得钻头与孔底岩石的啮合力增强，钻头在钻进过程中的稳定性得到提高。

对于绳索取芯钻头，在钻进可钻性为Ⅸ～Ⅹ级或更高硬度的岩石时，钻头的设计有所区别。例如，在江西赣州科学钻探NLSD孔的钻进中使用的绳索取芯钻头，其规格为$\phi 97/\phi 64$mm，其扇形体的径向宽度为16.5mm。设计这种结构钻头时，采用了4层含金刚石工作层和3层不含金刚石工作层的结构。由于所钻进的岩石硬而致密，为了不影响岩脊的形成和破碎效果，不含金刚石工作层宽度设计为1.1mm，靠近外径与内径部位的含金刚石工作层宽度设计为3.5mm，而中间两个环带部位的含金刚石工作层宽度设计为3.1mm。钻进的试验结果表明，这种结构的钻头在钻进可钻性为Ⅸ级岩石时，时效最高可以达到2.37m/h，单个钻头的使用寿命可以达到88m。该钻头的外部形貌如图5-8所示。

图5-8 $\phi 97/\phi 64$mm绳索取芯金刚石钻头

四、钻头胎体性能设计

胎体性能设计是金刚石钻头设计中重要的一个环节，它不仅涉及胎体包镶金刚石的牢固度，直接影响钻头的使用寿命，还涉及钻头的耐磨性能，直接影响金刚石出刃效果和钻速。分层复合型结构金刚石钻头胎体性能的设计包括含金刚石工作层胎体性能的设计和不含金刚石工作层胎体性能的设计。

1. 含金刚石工作层胎体性能设计

含金刚石工作层胎体性能的设计与普通孕镶金刚石钻头的设计思路基本相同,所不同的是采用了混料回归试验设计方法,而不是单纯凭经验设计或直接增减胎体成分和改变含量比设计。混料回归试验设计方法是科学的和可靠的方法。

设计胎体性能必须以所钻岩石的力学性质为基本出发点,再配合热压工艺参数。设计孕镶金刚石钻头可采用普通方法,并借助成熟配方,进行钻头性能的设计。钻头胎体的骨架材料采用WC,也可以配合一定量的YG8硬质合金粉料,骨架总含量在30%~60%的范围内;采用663-Cu合金粉作为软质黏结材料,其含量一般为25%~35%;同时,为了提高钻头胎体的力学性能和包镶金刚石的强度,往往需加入Ni、Fe、Mn、Cr等金属粉末,以调整钻头胎体性能和钻进效果。

采用预合金粉制备金刚石钻头,设计思路基本相同。可选取以下配方:YG8(或WC)占比为15%,Fe-Cu-Ni占比为25%,Fe-Cu-Mn占比为12%,Fe-Cu-Cr占比为4%,FJT-A2占比为10%,FJT-A3占比为17%,Cu-Co-Sn占比为8%,663-Cu合金占比为9%。配合合理的热压工艺参数,即能够取得好的钻头质量与钻进效果。

以上配方例子中的原料都是常用的材料,粉末的粒度以300目为宜。

无论是何种配方,只要调整钻头胎体成分的含量比,并优化配合热压工艺参数,配合科学、实用的钻头结构,就能获得孕镶金刚石钻头的良好性能。

2. 胎体性能试验的热压工艺参数

依据前面的分析,试验研究时的热压规程参数必须依据胎体的基本成分进行试验研究与确定,最后进行设计、作出选择。

热压金刚石钻头的胎体材料是一种比较复杂的多元体系,其中各材料的熔点、硬度等物理力学性质相差很大。在实践中制备热压钻头基本采用多元系固相烧结法,即烧结温度低于多数材料的熔点,这时的黏结金属由于含量较低,仍可能处于塑性或半熔融状态。热压时必须设计一定的保温时间才能使金属粉末有充分时间处于塑性流动状态并使各成分之间产生扩散作用,并在一定的压力条件下加速流动和扩散,使胎体"合金"致密化。若没有达到必要的温度,希望通过提高压力来达到胎体致密化的目的是非常困难的。因而烧结温度设计的重要性是第一位的,烧结温度是基础,特别对于铁基胎体,热压温度显得更为重要。而压力是主要保障条件,温度与压力共同作用、优化配合才能达到预期目标。

根据钻进坚硬致密岩石的特点和对孕镶金刚石钻头的要求,相比之下,单质金属粉胎体的热压温度较高,一般在950~960℃之间,较高硬度胎体需要970℃或更高,压力在15~16MPa范围内,保温时间为5.0~6.0min;而预合金粉胎体的热压温度可以稍低,一般在930~960℃之间,压力在16~19MPa范围内,保温时间为4.5~5.5min。

3. 钻头工作层性能试验与分析

采用混料回归试验设计方法,依据试验组合设计的要求,试制试验样品,即每个组合试制两个样品进行检测。试验用胎体试样规格为 8.5mm×8.5mm×15mm,采用 SM-100A 型智能电阻炉烧结试样(图 5-9、图 5-10),烧结后经过磨平、磨光才能进行检测。先在 HR-100A 型硬度计(图 5-11)上检测各试样的硬度(HRB),在热压的受力方向的上、下两面各测 2 个点,共 8 个硬度值,然后取算术平均值作为该组合的硬度值 Y_y。

图 5-9　SM-100A 型智能电阻炉

图 5-10　电阻炉烧结用模夹具

将测试完硬度的试样在 MPx-2000 型摩擦磨损试验机(图 5-12)上进行耐磨性检测,耐磨性指标由试样的实际磨损量来衡量,磨损量大者耐磨性低。每组测得 2 个磨损量数值,共 4 个测试值,取算术平均值作为试样的耐磨性指标 Y_m。

图 5-11　HR-100A 型硬度计

图 5-12　MPx-2000 型摩擦磨损试验机

实际上,对于热压金刚石钻头胎体性能的试验研究,优化组合与优化值并没有足够的实用价值。试验表明,胎体硬度的优化值与胎体耐磨性的优化值所对应的配方往往是不相同的,也就是一种配方与工艺不可能既保证胎体有优化的硬度,又保证有优化的耐磨性。只有当岩层需要以耐磨性为主要性能要求时,或以硬度为主要性能要求时,优化值才具有一定的意义。试验研究的目的是找出胎体成分的含量变化对硬度与耐磨性的影响规律以及对各成分的影响程度,因为不同的胎体性能可以满足不同性质岩层的钻进需要,而并非找出一种最优的胎体性能,去满足所有岩层的钻进。采用混料回归试验设计方法对胎体性能进行规律性的定性研究和宏观控制是有积极意义的,这种方法值得肯定与推广应用。

数据处理与分析采用在 Windows 环境下的 Excel 电子表格系统。Excel 是目前应用最广泛的表格处理软件之一,拥有强大的数据处理功能,智能化程度高,操作简便。图 5-13 是经 Excel 处理后得出的胎体成分含量的变化对胎体硬度与耐磨性的影响关系曲线。

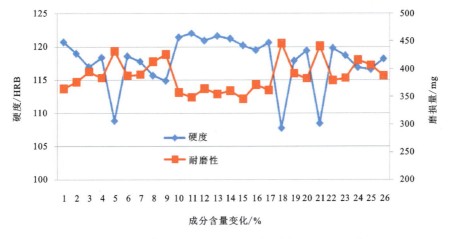

图 5-13 胎体成分含量变化对硬度、耐磨性的影响规律

曲线表明随着胎体中成分含量的变化,胎体的硬度和耐磨性具有较明显的变化规律和一一对应的关系,这为研究金刚石钻头性能提供了有益的依据。同时,胎体的硬度与耐磨性具有较好的对应性,其变化规律也具有相似的一致性,这说明试验结果具有可靠性、科学性及较好的实用价值。

通过对数据进行回归分析,得出回归方程表达式为

$$\begin{aligned}Y_y = & -9.4675Z_1 + 14.2623Z_2 - 25.6565Z_3 - 22.8885Z_4 + \\ & 43.3173Z_5 - 20.3646Z_6 + 0.2493Z_1Z_2 + 0.4897Z_1Z_3 - \\ & 0.6319Z_1Z_4 - 0.3503Z_1Z_5 + 0.3726Z_1Z_6 + 0.1888Z_2Z_3 - \\ & 1.1541Z_2Z_4 - 0.3712Z_2Z_5 - 0.1667Z_2Z_6 + 0.8994Z_3Z_4 - \\ & 0.4134Z_3Z_5 + 0.91Z_3Z_6 - 1.0133Z_4Z_5 - 0.211Z_4Z_6 - 0.14Z_5Z_6\end{aligned} \quad (5-1)$$

$$\begin{aligned}Y_m =& -135.742Z_1 - 19.3055Z_2 + 124.4618Z_3 + 574.6987Z_4 - \\ & 609.757Z_5 + 88.358Z_6 + 0.6111Z_1Z_2 - 1.41667Z_1Z_3 + \\ & 1.0635Z_1Z_4 + 8.3833Z_1Z_5 + 2.3667Z_1Z_6 - 0.25Z_2Z_3 - \\ & 5.6231Z_2Z_4 + 6.55Z_2Z_5 - 0.1667Z_2Z_6 - 13.6137Z_3Z_4 + \\ & 7.35Z_3Z_5 - 2.7167Z_3Z_6 + 2.9262Z_4Z_5 - 8.6647Z_4Z_6 + 5.0833Z_5Z_6\end{aligned} \quad (5-2)$$

利用非线性规划求解,求出式(5-1)、式(5-2)中各因素的最优百分比组合,也就是最优硬度与耐磨性所对应的各胎体成分的最优百分比组合。本次试验数据经过回归方程求解,得出的优化组合结果见表5-4。

表5-4 试验后各参数优化组合和硬度与耐磨性优化值

胎体硬度 Y_y			胎体耐磨性 Y_m		
成分	组分含量/%	优化值 Y_y	成分	组分含量/%	优化值 Y_m
Z_1	14		Z_1	14	
Z_2	19		Z_2	24	
Z_3	32	130.65	Z_3	27.83	321.805
Z_4	13		Z_4	10.62	
Z_5	7		Z_5	12	
Z_6	15		Z_6	11.55	

从试验结果还可以看出,试验后的胎体硬度优化值和胎体耐磨性优化值所对应的配方是不相同的。一方面说明了胎体硬度与耐磨性既有联系又有区别,用胎体的硬度代替耐磨性是不全面甚至是不合理的;另一方面也说明了钻进不同的岩石,应该采用具有不同硬度和不同耐磨性的钻头。

从对试验数据的处理和回归分析看,硬度回归分析的模型比较显著,而耐磨性回归分析的模型稍差些。分析其原因主要在于:HR-150A型硬度计测出的硬度值比较精确、结果比较稳定可靠,每次测量前都用标准块进行校正,硬度值不受其他因素的影响;而进行耐磨性测试时,是以试样的磨损量作为耐磨性指标,在MPx-2000型摩擦磨损试验机上测试时,不仅要受到摩擦磨损材料(小砂轮)的均质程度与表面平整度的影响,还要受到测试时加重块的摆动影响,因而测量误差较大,耐磨性回归分析模型的显著性稍差。

4. 钻头辅助工作层性能设计

不含金刚石工作层(辅助工作层)的胎体性能与含金刚石工作层(主工作层)的胎体性能有较大的差距,硬度与耐磨性较低,保证它能略超前含金刚石工作层磨损,在钻头底唇面上形成环形凹槽,产生岩脊和破碎穴,达到预计的设计目标。以钻进可钻性为Ⅷ级的岩石为例,主工作层胎体与辅助工作层胎体的硬度(HRB)相差5~7,而耐磨性相差5~8mg。钻进不同级别的岩石,钻头主工作层和辅助工作层的性能不相同,使其达到优化配合,就能够实现辅助工作层的略超前磨损,获得良好的钻进效果。

一般情况下,都是通过改变辅助工作层的材料成分或材料的含量比,调整辅助工作层的性能,但也可以在不改变胎体材料的情况下,采用添加硬质材料的办法提高辅助工作层的耐磨性。硬质材料可以是碳化硅、低品级金刚石等,粒度为40/50目,百分比浓度为15%~25%。

同时,还可以通过改变辅助工作层的宽度,达到改变辅助工作层性能的目的。

检测辅助工作层超前磨损量是否合理,或者检测主工作层性能与辅助工作层性能是否配合适当,可以用超前磨损的凹槽深度衡量,一般凹槽深度为0.8~1.0mm合适。如果钻进岩石的研磨性较高,需要提高不含金刚石工作层胎体的耐磨性时,可以采取以下两种方法:①提高胎体的硬度与耐磨性;②在胎体中复合低浓度硬质材料,如碳化硅、较低品级金刚石等。

五、冷压成型-热压烧结工艺

1. 制粒

制粒技术在许多行业都有应用。制粒就是把某一种或几种材料通过制粒机的制粒工艺,将粉料制成具有一定粒度的颗粒。粒度为200目及更细的粉末的流动性差,在自动装料过程中影响粉末的流动速度,影响装料和冷压质量;而粗粒的粉末流动性好,充填效果好,自动装料后的冷压质量高。

孕镶金刚石钻头的胎体材料为金刚石与金属粉末的混合料,其中金属粉末的粒度多为180/200目,自动装料时流动性差,充填性不好,容易影响冷压成型的质量。同时,金刚石在胎体材料中难以均匀分布,影响钻头的质量。因此,将金刚石与胎体粉末材料混合在一起,利用制粒机制出包裹金属粉末的金刚石颗粒,有利于提高含金刚石粉末的流动性,加快装料的速度,提高冷压效果。

2. 冷压成型工艺

冷压成型是关系到制备分层复合型结构金刚石钻头成败的重要环节。从上面的分析可知,工作单元层厚度为1.2~1.6mm,都为弧形,且弧度均不相等,弧度越小,冷压越难成型,如图5-14所示。冷压难度大,主要表现在装料模具的设计、加工与冷压工艺方面。

冷压成型利用全自动、高精度冷压成型设备(图5-15),通过改造控制系统以及重新设计、加工冷压模具等,实现了分层工作单元压坯的自动化生产,解决了分层复合型结构金刚石钻头制造中的一大难题。

在冷压成型的模具设计过程中,要注意的是由于设备与压力等因素的制约,冷压成型后材料的密实度只有理论密实度的75%~82%。当需要保证工作单元层的厚度以利于装模时,必须加长工作单元层的高度,只有这样才能保证组装好的扇形工作体能顺利装入烧结钻头的石墨模具中,在之后的热压烧结过程中达到钻头的规格尺寸和需要的密实度等性能。

确定冷压成型工艺参数是确保分层复合型孕镶金刚石钻头质量的重要一环,参数主要为压力和稳压时间,通过试验优化确定。试验确定的冷压参数如下:压力为 2.0~3.0T/cm²,稳压时间为 5~8s。

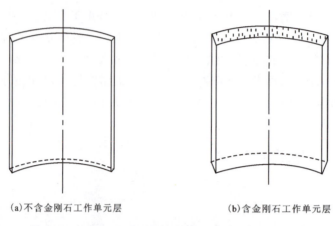

(a)不含金刚石工作单元层　　(b)含金刚石工作单元层

图 5-14　工作单元层结构示意图

图 5-15　KPV-218 型全自动、高精度冷压成型设备

3. 热压烧结工艺

将冷压成型的各种工作单元层按照一定要求,在石墨模具内组装,用有机胶在底模的内壁和芯模的外壁上粘贴保径材料聚晶体,然后铺撒焊接保径层粉料,压上钻头钢体,进入中频电炉进行热压烧结。

烧结工艺参数经过试验研究后确定。热压温度为 945~965℃,压力为 16~18MPa,保温时间为 4.5~5.5min;升温速度:在升至 600℃前采用 90℃/min,600~965℃之间采用

100℃/min；当温度升至800℃和900℃时各保温30s；出炉温度设置为800℃，出炉后在保温条件下缓慢冷却至室温。

六、钻进试验与分析

1. 室内试验钻头研制

1）岩样测试

本次钻头钻进试验用的岩石为细—粗粒二长花岗岩。岩石可钻性测试采用较简单而实用的方法，即利用岩石压入硬度计（图5-16）和岩石摆球硬度计（图5-17）测试岩石的可钻性。综合压入硬度、摆球硬度以及塑性系数，确定所钻岩石的可钻性级别为Ⅷ级，接近Ⅸ级，但矿物的颗粒较粗，硬质矿物含量高，岩石的研磨性较强。测试值见表5-5。

图5-16　WYY-1型岩石压入硬度计　　　　图5-17　WYQ-1岩石摆球硬度计

表5-5　确定岩石可钻性级别的相关数据

岩石命名	压入硬度/MPa	回弹次数	第一次回弹角度$(\theta)/(°)$	塑性系数 $\mu=\sin(90-\theta)$	钻进时效/$(m \cdot h^{-1})$	可钻性级别
细—粗粒二长花岗岩	4120	49	75	0.26	2.21	Ⅷ

2）钻头的结构与性能设计

岩石的力学性质是金刚石钻头设计的基础，根据所选岩石的检测资料，本次室内钻进试验的钻头是规格为$\phi 77/\phi 48$mm的绳索取芯钻头，钻头的结构设计为3层含金刚石工作层和2层不含金刚石工作层；不含金刚石工作层的厚度为1.2mm；含金刚石工作层的3层中，靠近钻头内外径部位的工作层的厚度为4.1mm，中间工作层的厚度为3.9mm。

含金刚石工作层的胎体材料的具体成分与配比如下:YG8(或者 WC)含量为 16%,663-Cu 合金含量为 10%,FeCuNi 含量为 32%,FeCuMn 含量为 14%,CuCoSn 含量为 12%,FeCu30 含量为 10%,FJT-A3 含量为 6%。而不含金刚石工作层的胎体成分与配比如下:663-Cu 合金含量为 16%,FeCuNi 含量为 20%,FeCuMn 含量为 16%,FeCu30 含量为 48%。

也可以采用单质金属粉胎体作为钻头的主工作层材料,配方如下:WC 含量为 20%,YG8 含量为 15%,Ni 含量为 10%,锰含量为 4%,铁含量为 16%,663-Cu 合金含量为 35%。

金刚石参数中,金刚石的粒度为 30/35 目的占 30%,40/50 目的占 50%,50/60 目的占 20%;金刚石百分比浓度为 85%。

3)钻头试制与试验分析

依据配方设定了热压工艺参数。热压温度为 940℃,压力为 18MPa,保温时间为 5.0min;升温速度:升至 600℃前采用 90℃/min,600~965℃之间采用 100℃/min;当温度升至 800℃和 900℃时各保温 30s;出炉温度设置为 800℃,出炉后缓慢冷却至室温。

依据上述采用预合金粉材料设计的钻头性能参数,试制了一个 $\phi 77/\phi 48$ 的分层复合型结构金刚石钻头,在上述的细—粗粒二长花岗岩中进行钻进试验。岩石样的规格约 30cm×40cm×45cm,每个钻孔的深度约为 30cm。一共试验钻进两块岩石样,共计钻孔 29 个,约 8.7m,累计钻进时间为 3.3h,平均钻进时效为 2.67m/h,钻头磨损约 1.0mm。

钻头试制与钻进实践表明,分层复合型结构金刚石钻头的设计以岩石破碎机理为指导思想,钻头的结构科学合理,充分利用钻头的结构所产生的岩脊和破碎穴效应,能够有效加快钻速和提高钻头在钻进时的稳定性。

采用冷压成型-热压烧结方法制造钻头,该方法先进,能够确保钻头质量稳定。同时,采用预合金粉制得的胎体性能稳定,包镶金刚石牢固,能够有效延长钻头的使用寿命;试验研究证明胎体性能设计合理,实现了热压参数设计与胎体材料的优化配合,这些都是提高钻头性能的重要因素。

分层复合型结构金刚石钻头的工作层有 20% 左右不含金刚石,依靠钻头的复合振动和冲洗液的冲蚀作用,破碎孔底 20% 左右的环状岩石,这表明岩石的影响只占 80% 左右,也就是该结构钻头对岩石的适应性能够提高 20% 左右。由此可知,分层复合型结构金刚石钻头具有广泛推广应用的优势。

2. 结论与建议

分层复合型结构金刚石钻头的研制是成功的,这表明了钻头设计理论又向前迈进了一步,在地质勘探中又多了一个高端金刚石钻头新品种。

1)结论

(1)分层复合型结构是热压金刚石钻头的一种新型结构,分层复合型结构金刚石钻头在钻进中表现出了不同于普通钻头破碎岩石的机理。由于孔底 80% 左右的岩石由金刚石破碎,而 20% 左右的岩石由钻头所产生的机械力振动、冲洗液的冲蚀作用以及破碎穴效应的综合作用破碎,因而该新型结构能够提高钻头的钻进效果以及对岩层的适应性。

(2) 由机械力、冲洗液冲蚀作用以及破碎穴综合作用所破碎的岩石,形成的岩粉颗粒较粗,能够比较有效磨损工作层胎体,有利于金刚石出刃,钻头的自锐性好。

(3) 采用冷压成型-热压烧结方法,配合制粒技术制造孕镶金刚石钻头,发挥了冷压法与热压法的双重优势,钻头的质量稳定。这里不可忽视制粒技术的重要性,手工装模不仅速度慢,而且难以保证钻头的质量。

(4) 钻头的成本有所降低。在金刚石用量相同时,工作层高度可以增加;而在工作层高度相同时,金刚石含量可以下降。在采用冷压成型—热压烧结工艺时,装模质量和生产效率有了提高。

(5) 分层复合型结构,不仅仅限于制造 $\phi 101mm$ 钻进混凝土的孕镶金刚石钻头,它还可以应用于所有类型的孕镶金刚石钻头的研制中,并且都可以取得优于普通结构钻头的钻进效果,值得推广应用。

2) 建议

以发展眼光看问题,分层复合型结构金刚石钻头得到应用才几年时间,虽然经过中试后进入产业化阶段,仍然需要不断深入研究,不断提高。主要包括以下几个方面。

(1) 分层复合型结构设计主要还是依据经验与试验,其理论依据和理论分析尚不足,还需要继续深入研究。

(2) 预合金粉的应用还处于初级阶段,仍然需要加强试验与研究,使之达到一个全新的高度。

(3) 结合岩石力学性质和岩石破碎过程以及钻进规程参数,深入研究分层复合型孕镶金刚石钻头的磨损机理,掌握主、辅助工作层的规格及其性能以及主、辅工作体的平衡磨损条件,为研制高效、长寿命的孕镶金刚石钻头提供有效而可靠的技术支持。

第三节 钻进卵砾石地层金刚石钻头研究

热压方法制造的普通金刚石钻头具有较高的硬度和耐磨性,可以满足多数岩层钻进的需要。但是,对于钻进卵砾石地层与硬-脆-碎等强研磨性地层却显得适应性不足,钻速不快,钻头的寿命也不长,增加了钻探成本。多年来,探矿工程技术人员和工程勘察人员付出辛勤的劳动,都希望研制出高性能的针对性强的金刚石钻头,解决这类地层的钻进难的问题,但效果都不理想,这种状况急需改变。

一、卵砾石地层特点

卵砾石地层的特点是卵砾石粒度不均匀,硬度高,耐磨性强,砾石间的胶结强度不等。卵砾石颗粒粒径分布从几厘米到十几厘米,甚至几十厘米,无胶结性;胶结性较好的卵砾石地层的研磨性很强,对钻头的磨损很大;而胶结性差的卵砾石地层则表现出钻进难度大,钻头的内外径磨损大,孔壁稳定性差,提钻取芯后孔壁垮塌、回填等问题,钻头非正常破坏严重。总之,卵砾石地层的钻进难度大,钻探成本高,对钻头质量要求高。

二、钻头结构设计

钻进卵砾石地层金刚石钻头的结构设计方案如下。

(1) 采用提高钻头耐磨性的思路与设计方法,在提高胎体耐磨性的同时,加强钻头工作层的保径效果,实现钻头运转平稳和工作层的均衡磨损,以达到延长钻头寿命的目的。

(2) 在普通热压金刚石钻头的结构基础上,将热稳定性聚晶体有规律、有序地排列在钻头的工作层中。热稳定性聚晶体既起着破碎岩石的作用,又可以提高钻头的耐磨性和保径效果,有力地提高了钻头的稳定性,延长了钻头的使用寿命。

(3) 提高钻头的耐磨性不能仅采用高耐磨性的胎体,因为采用高耐磨性的胎体往往不利于金刚石出刃,钻头容易打滑,钻进效率很低。本次研究采用了耐磨性较高的胎体,配合热稳定性聚晶体,可以实现钻头的耐磨性高和钻进效果好的双重效果。

(4) 采用方柱状聚晶体,使其分布在紧靠钻头的内外径部位,长度取10mm,有利于提高钻头的保径效果且可以有效防止钻头的内外径部位偏磨。采用圆柱状聚晶体,使其分布在钻头工作层的中间部位,有利于提高钻速和钻头均衡磨损[图5-18(a)]。

(5) 圆柱状聚晶体沿钻头切削圆周方向排列,破碎一部分孔底环状岩石;同一切削单元内的聚晶体之间允许有一定的间距;同一切削单元内的聚晶体共同完成整个钻头环状孔底的岩石破碎。

(6) 图5-18展示了聚晶体的两种排布方式,其中图5-18(a)所示结构适用于强研磨性地层,如砂卵石地层;而图5-18(b)所示结构适应于较强研磨性地层,如硬-脆-碎地层。

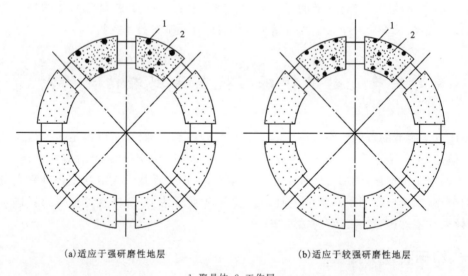

(a) 适应于强研磨性地层　　　　(b) 适应于较强研磨性地层

1. 聚晶体;2. 工作层。

图5-18　聚晶体排布方式

以普通结构的金刚石钻头为基础,将热稳定性聚晶体有规律地分布在工作层中,提高其耐磨性,改善工作层底唇面的均衡磨损情况,达到延长钻头的使用寿命的目的。可以选择其中一种方案,也可以按这种基本设计思路,在此基础上改进和研制,如改变聚晶体的数量、规格和排列方式。图 5-18 为该类钻头设计原理图。

钻头的水口不宜太宽,一般取 4～5mm,水口数量可适当增加;水口最好设计为斜水口或螺旋形水口,可防止小砾石卡进水口,影响钻进效果。

该类热压金刚石钻头是在普通热压金刚石钻头的基础上,将方柱状和圆柱状的热稳定性聚晶体依据一定的理论和排布规律复合到金刚石钻头的切削单元中,与金刚石共同组成破碎岩石的主体。该类钻头的硬度高、耐磨性强,对砂卵石地层和硬-脆-碎地层的适应能力强,能够明显地提高在砂卵石地层和硬-脆-碎地层的钻进效率,延长钻头的使用寿命。这类钻头基本上改变了其他类型钻头在同类地层中钻进效率低、寿命较短的现状。

在地质勘探和工程勘察中常常会遇到砂卵石地层和硬-脆-碎地层,多年来,其他类型的金刚石钻头在钻进这两种地层时都不能取得好的钻进效果,严重地影响着地质勘探与工程勘察的进程。本书中所提及的该类钻头能够有效地解决这个难题,在地质工程领域的应用前景十分广阔。

四、LLS 型(钻进卵砾石)钻头制造

LLS 型孕镶金刚石钻头的性能由胎体材料和热压工艺参数予以保障,设计思路与普通孕镶金刚石钻头的设计思路基本相似。

1. 工作层胎体配方

LLS 型钻头的胎体材料采用单质金属粉,以 WC 和 YG8 作为骨架材料;采用 663-Cu 合金粉作为黏结金属材料;采用 Ni 与 Fe 作为硬质黏结金属材料,同时可兼顾骨架材料的作用。试制的 LLS 型钻头的胎体材料及其含量比如下:WC 占比为 35%;YG8 占比为 15%;Ni 占比为 10%;Fe 占比为 6%;660-Cu 占比为 34%;Rt=11.11。

金刚石参数是 LLS 型钻头设计中重要的一部分。由于卵砾石地层的特点,金刚石的品级应该很高,才能承受钻进中的动载荷作用;金刚石的粒度应以中等粒度为主,以提高其抗冲击的能力;金刚石的浓度应较高,以提高其使用寿命。金刚石参数如下:40/50 目占比为 40%;50/60 目占比为 40%;60/70 目占比为 20%;N=85%～90%。

2. 热压工艺

热压工艺参数必须与钻头的胎体成分以及性能要求密切配合。考虑到 LLS 型钻头需要具备抗冲蚀磨损性,其中包镶的金刚石与聚晶体也需具备一定的强度,热压的温度必须设计较高,压力设计较大,保温时间较长。热压工艺参数设计如下:热压温度为 970℃,压力为 17～18MPa,保温时间为 5.0～6.0min;中途设置一次保温、保压阶段,在 850℃ 时保温、保压 30s;出炉温度为 800℃;出炉后缓慢冷却至室温,脱模。

试验钻头的外部形貌如图 5-19、图 5-20 所示。

图 5-19 LLS 型钻头之一

图 5-20 LLS 型钻头之二

五、试验结果与分析

制备的两个钻头在福建省南平市某大桥工地进行了实地钻进试验。图 5-19 所示的钻头在钻进 28.8m 后的磨损情况见图 5-21。

图 5-21 LLS 型钻头钻进 28.8m 后的磨损情况

试验结果表明,钻头的保径能力强,中间部位的耐磨性稍差,整个钻头不同部位的耐磨性不同,其原因是工作层内的聚晶体分布不均匀。可按下述两种方案之一作出调整。

(1)扇形块的外径,用 3 颗 $\phi 2mm$ 的聚晶体替换 3 颗 3mm×3mm 方柱状聚晶;内径用 2 颗 $\phi 2mm$ 的聚晶体替换 2 颗 3mm×3mm 方柱状聚晶体,中间采用 3 颗 $\phi 2mm$ 聚晶体,错开分布。

(2)扇形块外径采用 2 颗 3mm×3mm 的方柱状聚晶体,内径采用 1 颗 3mm×3mm 的方柱状聚晶体,中间采用 3 颗 $\phi 2mm$ 的聚晶体,错开分布。

总之,应依据卵砾石地层的砾石粒度及其分布以及胶结等情况,对聚晶体加以适当调整。

如果工作层保径采用较少聚晶体时,可以适当调整配方,胎体硬度不可太高,防止胎块脆性大,因动载荷而崩裂,调整后的配方如下:WC 占比为 40%;YG8 占比为 15%;Ni 占比为 10%;Mn 占比为 3%;660-Cu 占比为 32%;$Rt=11.41$。

金刚石参数如下:40/50 目占比为 60%;50/60 目占比为 40%;$N=90\%$。

热压工艺参数如下:热压温度为 970~975℃;压力为 17~18MPa;保温时间为 5.0~6.0min;出炉温度为 800℃。

在卵砾石地层钻进过程中,动载荷大,钻头胎体不可太硬,以免崩刃。卵砾石地层钻进最好要配合特种泥浆护壁,防止孔壁坍塌,提高钻进效果。

第四节 直角梯形齿金刚石钻头研究

钻进不同的岩石,需要选择不同性能和结构的金刚石钻头,同时配合合理的钻进工艺参数,才能取得好的钻进效果,这是人所共知的经验。地球内部的岩石种类复杂多变,岩石性质千差万别。在一个钻孔中,可能存在几种性质完全不同的岩石,较软的有可钻性为Ⅴ～Ⅵ级的岩石,而硬的岩石可钻性达到Ⅸ～Ⅹ级。许多钻孔中常常存在坚硬致密的岩石,钻进时效极低。这些不同性能的岩石给深孔绳索取芯钻进选择钻头带来了困难。因此,需要研究钻进效果好、具有较好普适性能的热压金刚石钻头。

一、直角梯形齿钻头设计

直角梯形齿钻头具有比普通钻头与孔底岩石的接触面积小的特点,在相同钻压作用下,其单位面积上的钻压较大,可提高钻速。直角梯形齿钻头外部形貌如图 5-22 所示。

这种类型钻头可以分解为两部分:扇形长方体部分 M 和扇形三角体部分 N,如图 5-23 所示。扇形长方体部分是破碎岩石的主体,而扇形三角体部分起着支撑长方体的作用,同时参与破碎岩石。钻头梯形齿的直角面面对岩石,是破碎岩石的前锋,而梯形的斜腰起着支撑作用,提高了切削齿的抗弯强度,使得钻头能够适应孔底复杂的受力条件。

 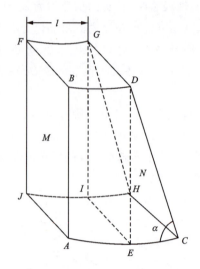

图 5-22 直角梯形齿钻头的外部形貌图　　图 5-23 直角梯形齿的组成

二、直角梯形齿受力分析

直角梯形齿由扇形长方体 M 和扇形三角体 N 两部分组合而成。α 为柱状扇形体与梯形柱状体之间的夹角,当 α 为 90°时,M 和 N 组合成普通钻头的扇形工作体;当 α 角逐步增大时,M 的体积逐步增大,整个直角梯形齿的耐磨性提高。

为了方便计算和分析受力情况,将直角梯形齿钻头的梯形齿简化(图 5-24),直角梯形齿的直角边高为 AB,梯形的顶部宽为 BD,梯形的另一底角为 α,其横截面为 $ABCD$ 梯形。直角梯形齿受垂直钻压 P 的作用,同时受钻头回转力 F 的作用。钻头在孔底还要承受振动、冲击等交变应力的作用,为了计算方便忽略不计。

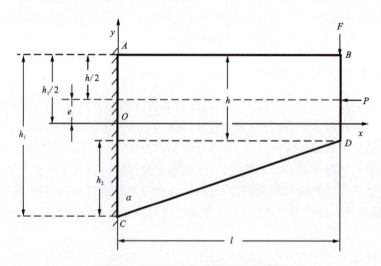

图 5-24 平面直角梯形齿受力分析

岩石抗剪强度和岩石压入硬度是梯形齿受力计算的基本依据,其中岩石的抗剪强度是设计直角梯形齿抗弯强度的基本依据,以可钻性为Ⅷ级的花岗岩为例,其抗剪强度最大为 20MPa;而梯形齿的轴向压力 P 以钻压值作为计算依据,钻进可钻性为Ⅷ级花岗岩的钻压值一般可取 $75\sim80\mathrm{kg/cm}^2$。

1. 回转力矩和钻压同时作用

如图 5-23 所示,直角梯形的横截面为 $ABDC$ 四边形。假设 BD 端面所受轴向压力为单位均布压力,其合力 P 作用在上下对称位置。该钻齿受力情况视为左端齿根部固定,右端为自由的一根悬臂梁,该悬臂梁承受轴向压缩力和弯曲力。按照材料力学理论分析,悬臂梁组合变形时危险的横截面为左端固定端的 A 截面。

在图 5-23 中,钻齿根部的底角 α 一般在 $55°\sim70°$ 之间,故而该变载面梁左端横截面上的弯曲变形的中性轴可近似认为位于该截面上下对称位置,即 $y=h_1/2$;A 端截面上承受的内力包括以下几种。轴力(压缩力):$N=P$;剪力(弯曲力):$Q=F$;弯矩(弯曲力):$M=P\cdot e-F(l-x)_{x=0}=P\cdot e-F\cdot l$。若忽略剪力 Q 对材料强度的影响,则该截面上各点承受的正应力为

$$\sigma=\sigma_{\text{轴}}+\sigma_{\text{弯}}=\frac{P}{A}+\frac{M\cdot y}{I_z} \tag{5-3}$$

式中:$A=bh_1=b(h+l/\tan\alpha)$;

$I_z=bh_1^3/12$;

$e=h_1/2-h/2=(h_1-h)/2=(h+l/\tan\alpha-h)/2=l/2\tan\alpha$;

$h_2=l/\tan\alpha$;

$h_1=h+h_2=h+l/\tan\alpha$。

A 端截面可近似为矩形,矩形的一边长为 $h_1=h+h_2$,而 $h_2=l/\tan\alpha$,而矩形的另一边长为 b,即钻头的工作层厚度。

则 A 端截面上各点的正应力为

$$\sigma_{\text{弯}}=\frac{M\cdot y}{I_z}=\frac{(P\cdot e-F\cdot l)y}{\frac{b_1^3}{12}}=\frac{12y(P\cdot e-F\cdot l)}{bh_1^3}$$

A 端截面上最大拉应力位于上边缘一线各点,最大压应力位于下边缘一线各点,两者绝对值相等,则

$$\sigma_{\max\text{弯}}=\frac{12\cdot\dfrac{h_1}{2}\left(P\dfrac{l}{2\tan\alpha}-Fl\right)}{bh_1^3}$$

将 h_1 式代入化简后得

$$\sigma_{\max\text{弯}}=\frac{3l\tan\alpha(P-2F\tan\alpha)}{b(h\tan\alpha+l)^2} \tag{5-4}$$

于是

$$\sigma=\sigma_{\text{轴}}+\sigma_{\max\text{弯}}=\frac{P}{b\left(h+\dfrac{l}{\tan\alpha}\right)}+\frac{3l\tan\alpha(P-2F\tan\alpha)}{b(h\tan\alpha+l)^2}$$

$$=\frac{P\tan\alpha}{b(h\tan\alpha+l)}+\frac{3l\tan\alpha(P-2F\tan\alpha)}{b(h\tan\alpha+l)^2} \tag{5-5}$$

利用上面推导出式(5-5),再结合钻头的规格、结构,胎体的力学性能和所钻进的岩石的物理力学性质,就可以设计直角梯形齿钻头的齿形规格。

2. 直角梯形齿设计

梯形切削齿的抗压强度一般很高,能够满足钻进的要求,这里对钻压不作过多的分析。

直角梯形齿的结构设计主要包括以下几项:梯形顶的宽 h,梯形齿的长 b(即钻头的内外径的宽度差),梯形的腰所对应的底角 α,直角梯形的高 l。钻头梯形齿的长 b 由钻头的规格确定,这里 $b=(77-48)/2=14.5\text{mm}$。而直角梯形的高 l 由工作层高和过水间隙综合确定,工作层高取 10mm,过水间隙取 3mm,因此高 l 为 13mm。剩下的变量就只有底角 α 和梯形顶宽 h。因此,式(5-5)就变为

$$\sigma = \frac{3l\tan\alpha \cdot 2F \cdot \tan\alpha}{b(h\tan\alpha + l)^2} \tag{5-6}$$

将上面数据代入式(5-6),变为

$$\sigma = \frac{7.8 \cdot F \tan\alpha^2}{1.45 h^2 \tan\alpha^2 + 3.77 h \cdot \tan\alpha + 2.450\,5} \tag{5-7}$$

梯形顶宽 h 影响钻头与岩石的最初接触面积,顶宽值的设计依据是岩石的力学性质、钻头的规格以及钻头的水口等,如可钻性为Ⅷ~Ⅸ级的岩石,h 在 8~12mm 之间选择比较合理。以可钻性为Ⅷ级的岩石为例,h 可选择 10mm。这样,式(5-7)变为

$$\sigma = \frac{7.8F \cdot \tan\alpha^2}{1.45 \tan\alpha^2 + 3.77 \tan\alpha + 2.450\,5} \tag{5-8}$$

梯形底角 α 可以在 55°~70°之间选择,它的选择依据是岩石力学性质和钻头的规格等因素。在 h 一定的条件下,底角 α 越小,直角梯形齿的抗弯能力越大,但同时必须受钻头水口的限制。因此,在设计直角梯形齿钻头时,实际上只要知道 F 的大小和梯形底角 α 的大小,就可以得出直角梯形齿所受的应力 σ,只要直角梯形齿的抗弯强度大于直角梯形齿所受应力 σ,这个梯形齿就是安全的。其中,F 的大小主要取决于岩石的抗剪强度和梯形齿与孔底岩石的摩擦力。在确定底角 α 时,一般采用试算的方法。

例如,对于 $\phi77/\phi48\text{mm}$ 钻头,钻进的岩石为可钻性Ⅷ级花岗岩,通过查表与计算得出单个钻齿剪切岩石所受的回转力约为 90kg;梯形底角取 60°进行试算,得出梯形齿承受的抗弯强度约为 158MPa;加上由钻压产生的摩擦力约 30kg(动摩擦系数取 0.2 时)所增加的弯矩约 53MPa,总计 211MPa。显然,这个应力比要求钻头胎体应具有的最低抗弯强度值(700MPa)要低很多,故这个设计是安全的。

三、钻头胎体性能设计

胎体性能设计是金刚石钻头设计过程中一个重要的环节,它涉及胎体包镶金刚石的牢固度,直接影响钻头的使用寿命;涉及钻头的耐磨性能,直接影响钻头对岩石的适应性,影响金刚石出刃效果和钻速。

1. 对胎体性能的要求

钻头胎体性能主要包括胎体的硬度、耐磨性两项主要指标。设计梯形齿的性能以岩石

的硬度与研磨性为主要依据,希望设计的钻头具有较好的普适性,既具有较高的硬度,又要能够保证钻头具有较好的耐磨性和自锐性。

直角梯形齿金刚石钻头的梯形齿实际上由两部分组成,即扇形长方体 M 和扇形三角体 N,如图5-23所示。对于可钻性为Ⅷ~Ⅸ级中等—较强研磨性岩石,直角梯形齿的性能设计可作整体考虑。只有设计钻进坚硬致密岩石的钻头时才会分别考虑设计,M 部分的胎体硬度比 N 部分的要求高,耐磨性同样要求较高;而 N 部分的胎体硬度(HRB)可设计为85~95,耐磨性设计为280~380mg。因此,该类钻头可以通过调节钻齿的 M 和 N 两部分的参数,以及配合调节 M 与 N 两部分的胎体性能,达到调节钻头整体性能的目的。

2. 含金刚石层胎体性能设计

钻头胎体性能的设计采用了混料回归试验设计方法,而不同于凭经验设计方法,也不同于增减胎体成分和调整含量比的设计方法。试验研究中,采用预合金粉材料,依据前期研究的初步结果,胎体成分作如下考虑:骨架材料(WC+YG8)作为一个因素考虑(记为 Z_1),黏结金属(663-Cu+CuSn10)作为一个因素考虑(记为 Z_2),FJT-01 单独作为一个因素考虑(记为 Z_3),FJT-A5 可作为一个因素考虑(记为 Z_4)。

以上述4类预合金粉作为四因素设计混料回归试验,其预合金粉成分及取值范围如表5-6所示。试验的指标是胎体的硬度和耐磨性,探索胎体成分变化对胎体硬度和耐磨性的影响规律。按照混料回归试验设计方法进行试验,采用 SM-100A 型智能电阻炉烧结试样,利用 HR-150A 型硬度计和 MPx-2000 型摩擦磨损试验机对试样的硬度和耐磨性分别进行检测,其硬度和耐磨性的检测数值如表5-7所示。按照混料回归试验设计进行了10次试验,测得10组硬度与耐磨性数据。对于可钻性为Ⅶ~Ⅸ级岩石,可以选择表中合适的性能组合设计和烧结钻头,以满足某种岩石的钻进要求。

表5-6 预合金粉胎体混料回归试验设计表

成分	取值范围/%	备注
Z_1(WC+YG8)	16≤Z_1≤35	比例:2:1
Z_2(663-Cu+CuSn10)	25≤Z_2≤38	比例:2:1
Z_3(FJT-01)	21≤Z_3≤32	1
Z_4(FJT-A5)	5≤Z_4≤9	1

表5-7 混料回归试验设计试验数据

试验号	1	2	3	4	5	6	7	8	9	10
硬度(HRB)	109.4	103.3	103.2	102.6	108.7	105.2	110.2	104.4	109.8	103.9
磨损量/mg	140	194	196	204	146	178	123	184	128	188

四、钻头金刚石参数设计

由图 5-23 可知，M 和 N 两部分的胎体成分、性能及金刚石的浓度可以相同或者不同，当金刚石浓度不相同时，M 部分的金刚石品级高且浓度较高；而 N 部分的金刚石品级较低，浓度亦较低。

依据钻进的岩石不同，扇形长方体 M 与扇形三角体 N 两部分的金刚石浓度都有不同的配比。当钻进硬—坚硬、研磨性较弱的岩石时，长方体 M 部分的金刚石浓度取 70%～75%，50/60 目的金刚石占比 70%，60/70 目的金刚石占比为 30%，金刚石的品级取 SMD40；扇形三角体 N 部分的金刚石浓度取 45%，金刚石粒度为 40/50 目的金刚石占比为 70%，50/60 目的金刚石占比为 30%，金刚石的品级为 SMD30。

当钻进硬—中硬且研磨性较强的岩石时，两部分的性能相同，金刚石的浓度相同，取 75%～85%，金刚石的品级取 SMD35，30/40 目的金刚石占比 20%～25%，40/50 目的金刚石占比为 50%～60%，50/60 目占比为 20%～25%。当钻进中硬及其以下岩石时，该钻头的 l 可以取较小值，金刚石的粒度以 30/40 目和 40/50 目为主，金刚石品级取 SMD30，底角 α 取 70°，采用较大水口。

五、钻头试制与试验

含角闪石斜长玢岩，岩石致密，可钻性为 Ⅷ～Ⅸ 级，矿物颗粒为中—细粒，属于坚硬致密且研磨性较弱岩石。

针对岩石性质，钻头胎体成分选择表 5-7 中 5 号试验配方：骨架材料占比为 35%，黏结金属占比为 28%，FJT-01 占比为 32%，FJT-A5 占比为 5%。胎体的硬度（HRB）为 108.7，耐磨性为 340mg。钻头的热压工艺参数：温度为 965℃，压力为 16MPa，保温时间为 5min。金刚石浓度为 85%，金刚石品级为 SMD40，金刚石粒度为 35/40 目与 50/60 目，各占 50%；对比试验的钻头（表 5-8 中所示普通钻头）采用相同配方与工艺制造。试验钻头的外部形貌如图 5-22 所示。

试制了两个 $\phi 77/\phi 49$mm 普通双管钻头，进行野外实钻试验，试验在江西省赣州 NLSD-1 科学钻探工地进行。钻进的实际效果如表 5-8 所示。

表 5-8 试验钻头钻进效果对比

钻头	指标			
	钻头总进尺/m	钻进总时间/h	钻进平均时效/(m·h^{-1})	钻头单价/元
试验 1 号	83.1	36.10	2.30	152.00
试验 2 号	84.4	37.51	2.25	152.00
普通钻头	86.8	46.67	1.86	175.00

从试验资料可知，两个试验钻头的钻进指标很相近，而用于对比试验的普通钻头的总进

尺虽高出试验钻头 2.4～3.7m(2.8%～4.3%),但钻进时效却低 0.39～0.44m/h(21%～23.7%);每个试验钻头的成本要比普通钻头低 23 元(13.1%),主要原因是普通钻头所用金属粉末与金刚石量较多。由此可知,试验钻头具有较明显的优势。

试验钻头钻进时效高的原因在于钻头的结构合理,与孔底岩石的接触面积较小,钻进时比压较大,能够产生大体积剪切破碎岩石,钻进效率高。同时,试验钻头的水口较大,钻头的冷却效果好,排出岩粉及时,岩粉重复破碎的概率小,钻头胎体单位体积的磨损量较小,这既保证了钻头有较高的钻进效率,又有较长的使用寿命。

六、结论

(1)理论计算和钻进实践表明,直角梯形齿金刚石钻头是一种可钻进坚硬致密岩石的有效钻头,它与孔底岩石的接触面积较小,钻进比压较大,能够有效切入岩石,钻速明显加快。

(2)直角梯形齿钻头结构合理,钻齿由两部分组成:扇形长方体 M 和扇形三角体 N。扇形三角体既可以参与破碎岩石,又可以起到支撑扇形长方体的作用,钻头的抗弯强度有保障,钻头的受力条件得到改善。

(3)可以灵活调整直角梯形齿钻头的扇形长方体 M 和扇形三角体 N 的比值,即调整底角 α 和齿顶宽 l 的大小,可以达到调整钻头工作性能的目的,以满足不同性能岩石的钻进需要,取得好的钻进效果,降低钻头成本。

(4)采用了混料回归试验设计方法,对预合金粉进行了胎体性能试验研究,得出了 10 组配方供设计钻头时选择,以满足不同性质岩石的钻进需要,为依据岩石性质设计钻头配方打下了良好的基础。

第五节　弱化胎体耐磨性的金刚石钻头

坚硬致密岩石是一类十分难钻进的岩石,俗称打滑岩石,石英岩就是一种典型的坚硬致密岩石。钻进这种岩石的机械钻速极低,钻头磨损量很小,致使金刚石难以从胎体中出刃,钻头与岩石间出现打滑现象。

钻进过程中出现钻头打滑现象,主要原因是钻头性能与所钻的岩石不相适应,矛盾的主要方为钻头。很长时间以来,在钻进坚硬致密岩石时多采用人工出刃方法,即对金刚石钻头采取物理与化学方法使金刚石出刃,以提高钻速。这些方法虽然能够提高一定的钻速,但回次长度仍然很短,一般为 1～2m;同时由于采用人工出刃方法,必然会大大缩短钻头的使用寿命,提高钻探成本。因此,人工出刃方法只是暂时性的、迫不得已的方法。

一直以来,解决坚硬致密岩石的钻进问题,往往采用硬度与耐磨性较低和结构科学、合理的钻头,并辅以人工出刃的方法,才能收到一定的效果。而如果只采用低硬度胎体,则胎体不能有效包镶金刚石,使钻压不能有效传递给金刚石,导致金刚石不能有效切入岩石,从而使钻头不能实现对岩石的有效破碎。同时,低耐磨性的胎体,往往铜合金含量高,虽然此时胎体的耐磨性较低,但铜合金的摩擦系数小,胎体不容易被磨损,金刚石同样不容易出刃。

坚硬致密岩石之所以难以钻进,其原因还在于钻进时效极低,造成岩粉量少且颗粒微小,对胎体的磨损甚微,加上钻压高,综合作用的结果是金刚石很快钝化,钻头很快失去正常的工作能力。钻进坚硬致密岩石时钻头打滑只是一种现象,本质上是钻头的性能与岩石的性质不相适应,因此可以说没有打滑的岩石,只有打滑的钻头,这表明研究新结构与新性能的钻头显得很有必要。

一、钻头设计思路

在钻进坚硬致密岩石时,仅仅依靠传统的降低钻头胎体硬度的方法很难取得令人满意的效果,必须采用合理的钻头结构和合适的添加剂降低胎体的耐磨性,使钻头的性能与钻进的岩石相适应,达到提高钻进效果的目的。

金刚石钻头的性能主要涉及 6 项指标,其中影响钻进效果的指标主要是胎体的硬度和耐磨性。研究成果表明,钻头的钻速会随胎体耐磨性的降低而加快,而与胎体的其他性能,如抗压强度、抗弯强度等性能没有一致性的关系。为了加快钻头的钻速,必须降低胎体的耐磨性,这里可以用"弱化"这个词来表示这类钻头的设计思路。在金刚石钻头钻进过程中,需要胎体不断超前磨损,金刚石才能不断适时出刃与更新,在胎体一定的弱化程度下,钻头才能保持较快且恒定的钻速。

提出胎体性能"弱化"的概念,是为了使业内人士认识到,对金刚石钻头这种具有特殊性能的工具,可以采用非正常的制造工艺技术控制与调节其性能,在保证胎体材料强度能够满足钻探要求的前提下,通过适当降低胎体的耐磨性,达到改变钻头的性能和加快钻速的目的。之所以称之为"弱化",是因为采取的方法有时既降低了胎体的耐磨性,又降低了胎体的强度与硬度,其目的是加快钻头的钻速;"弱化"其实也是优化,是有条件、有目的的优化。

为了阐述"弱化"的作用,正确评价金刚石钻头的钻进性能,可以利用钻头的钻进指数 Z 作为衡量指标,其表达式为

$$Z = \Delta H / (\Delta m \cdot \Delta t)$$

式中:Z——钻头的钻进指数[m/(g·min)];

ΔH——钻头进尺(m);

Δm——钻头胎体磨损量(g);

Δt——钻进时间(min)。

钻进指数 Z 表示钻头胎体消耗单位磨损量,即在单位时间内钻头的进尺。钻进指数是钻进过程中反映钻头的钻速与钻头寿命两者的综合性能指标,是评价钻头钻进性能优劣的依据。

影响钻进指数的主要因素,一是所钻进的岩石的物理力学性质,二是钻头胎体的耐磨性。理论研究与实践都表明,钻头胎体的耐磨性是直接影响钻头钻速和使用寿命的性能参数。降低钻头胎体的耐磨性,使得钻头胎体的磨损量 Δm 增大,钻头易于被磨损,金刚石易于出刃并维持较高的出刃高度,使得单位时间内钻头的进尺增大。如果钻头胎体能够牢固地黏结金刚石,且能够以所要求的速度磨损,则随着钻头胎体允许的金刚石出刃高度的增加和金刚石对胎体的保护作用的加强,会使得钻头在钻进较多的进尺后,其磨损量相对较低。

由上述分析可知,弱化钻头胎体性能的主要参量有两个:一是钻进指数 Z,表示弱化的效果;二是钻头胎体的耐磨性,以磨损量 Δm 表示,表示弱化的程度。但是,这里必须指出,任何形式的弱化都不能使胎体的强度低于所使用的要求,硬度需要维持在一定的范围内。因此,弱化的优化过程实际包含着使钻头胎体耐磨性降低以及胎体强度与硬度保持在合理的范围内等几项内容。

本书的研究试验中,弱化金刚石钻头胎体的耐磨性主要从添加辅助材料着手,在实践中的影响因素还包括钻头的结构、胎体力学性能等。钻头的结构设计思路是在保证胎体的抗弯强度前提下,减小钻头胎体与孔底岩石的接触面积。钻头胎体性能的研究是在保证胎体的强度条件下,降低胎体的耐磨性。添加辅助材料指添加具有一定强度、脆性和低耐磨性的材料,以弱化胎体的耐磨性,从而研究出一种适合钻进坚硬致密且弱研磨性岩石的新型孕镶金刚石钻头。

二、辅助材料的作用机理

1. 辅助材料类型

在制备粉末冶金微孔材料时,有一些材料可作为造孔剂使用,可以达到提高材料的孔隙度的目的。在采用粉末冶金热压方法制造金刚石钻头时,可以利用这些材料的造孔能力,提高钻头胎体的孔隙率,降低或弱化胎体的耐磨性,达到提高金刚石钻头自锐能力和钻速的目的。不过,用于金刚石钻头中的造孔材料与用于粉末冶金微孔材料中的造孔材料不完全相同。

造孔材料应该具有一定的硬度与耐磨性,抗压强度不能高;在钻头的制造过程中,与胎体材料不能发生物化反应;要求均匀分布在工作层胎体中;在钻进过程中,受复合振动和冲洗液冲蚀的共同作用,造孔材料易于破碎并离开钻头胎体,在钻头底唇面上留下孔穴。能够满足这些要求的材料有氧化铝空心球、碳基复合材料、微型玻璃空心球及氯化铵等,它们都可用作热压金刚石钻头的造孔材料,可以使得金刚石钻头的胎体在钻进过程中产生一定的孔隙,能够降低或弱化胎体的耐磨性,提高孕镶金刚石钻头的自锐能力和在坚硬致密岩石中的钻进效果。

2. 作用机理

本次研究以氧化铝空心球作为试验对象,如图 5 - 25、图 5 - 26 所示。氧化铝空心球随胎体材料与金刚石一起混合均匀后装入金刚石钻头模具中进行热压烧结。氧化铝空心球在胎体中要占据一定的空间位置,随着其含量的增加,占据胎体的体积越大,造孔的概率越高。

氧化铝空心球的抗压强度低于普通氧化铝材料,更低于金刚石的抗压强度,在热压条件下部分氧化铝空心球被破碎,聚集在原来占据的位置而形成薄弱点阵分布;而相当一部分氧化铝空心球仍较完整地孕镶在胎体中,随着钻进的进行,当胎体磨损而露出钻头底唇面时被压碎,随之脱离胎体,作为磨料对胎体产生磨损,与此同时在钻头底唇面留下孔穴。

由于加入的氧化铝空心球的粒度和数量不同,必然在胎体中产生大小与形状不同的孔穴,不管是微型孔穴还是较大的孔穴,都会使得底唇面变得粗糙,钻头与岩石之间的摩擦系数提高;同时,钻头唇面与孔底岩石接触面随之相应减少,与岩石接触的钻头胎体单位面积上的钻压提高。综合作用的结果是钻头胎体的磨损加快,金刚石出刃效果提高,在坚硬致密的岩石中钻进时效率得以提高。

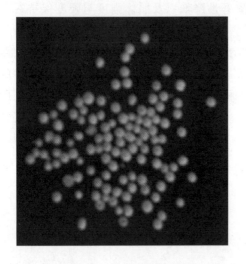 

图 5-25　2～3mm 粗粒氧化铝空心球　　　　　图 5-26　0.5～1.0mm 混合粒度氧化铝空心球

三、钻头胎体的试验研究

对含氧化铝空心球金刚石钻头的试验研究是在具有针对性的岩层和相应性能的金刚石钻头的基础上进行的,氧化铝空心球不可以用于任意性能的金刚石钻头研制中。含氧化铝空心球钻头的试验研究包括热压金刚石钻头的胎体性能、金刚石浓度、氧化铝空心球的粒度与含量等几个主要参数。

1. 钻头胎体性能设计思路

1)胎体成分的影响

鉴于普通金刚石钻头的胎体性能,单纯依靠降低钻头胎体硬度的方法降低胎体的耐磨性,用以研制有效钻进坚硬致密岩石的钻头难以取得满意的效果。本研究以岩石破碎机理为基本思路,以提高钻头的钻进效率为目标,研制一种胎体硬度较低的、耐磨性被弱化的钻头,作为钻进坚硬致密岩石的钻头。还可以尝试在这种钻头胎体中添加造孔辅助材料,有效降低钻头胎体的耐磨性,使之与所钻进的坚硬致密岩石相匹配,以取得好的钻进效果。

同时,钻头的胎体材料选择预合金粉,只有选择了合理的预合金粉类型与含量比,才有可能获得理想的胎体硬度与耐磨性,胎体对金刚石的包镶牢固度较高,金刚石可以维持较高的出刃;且胎体具有较理想的磨损率,能够实现胎体超前金刚石磨损,维持金刚石的正常出刃及基本稳定的、较快的钻速。由此可知,对于钻进坚硬致密岩石的钻头,钻头胎体的性能是最基本的条件。

依据近几年来设计钻进坚硬致密岩石钻头的经验以及钻进实践可知,钻头的胎体硬度

(HRC)均较低,一般在 15~18 之间比较合理,钻头的耐磨性相应在 284~265mg 之间;钻头的胎体硬度虽不高,但胎体必须具备一定的塑脆性,即低硬度加低韧性。在胎体性能的研究试验中,胎体材料主要选用湖南富桹新材料股份有限公司生产的 FAM-1020、FAM-2120 以及湖南省冶金材料研究院有限公司生产的 Fe-Cu30 3 种预合金粉。

2)热压参数的影响

热压金刚石钻头的热压工艺参数对于钻头的胎体性能会产生明显的影响,也就是说,热压温度、压力与保温时间等热压工艺参数可以影响和改变钻头胎体的硬度与耐磨性等性能。一般的规律是:随着热压压力增大,胎体的硬度与耐磨性增加,当压力增大到一定值后继续增大压力时,胎体的硬度与耐磨性的提高幅度变小。随着热压温度升高,胎体的硬度与耐磨性也会提高,但当热压温度升高到一定值后,由于胎体中黏结金属的流失,胎体的性能将变差。随着保温时间的延长,胎体的硬度与耐磨性也会提高,而保温时间延长到一定值后,胎体的性能变化很小,甚至引起黏结金属流失量增大,使得胎体性能变差。因此,对于一定的胎体成分,存在最优的热压工艺参数,可以通过调整工艺参数来调整胎体的性能。针对钻进坚硬致密岩石的钻头,热压工艺参数一般都取其下限数值,也就是热压温度较低,压力较小,保温时间较短。

2. 钻头胎体性能研究

由上述分析可知,采用预合金粉作为胎体主体材料,同时加入氧化铝空心球可以达到弱化胎体的目的。依据单质金属粉胎体的组成成分与性能的规律,对于硬度(HRC)为 15~18 的胎体,材料基本组成成分和质量比例为 FAM-1020(占 40%~48%),FAM-2120(占 38%~48%),超细 Fe-Cu30(占 12%~20%)。该钻头的胎体性能设计研究采用混料回归试验设计方法,以 Z_1 代表 FAM-1020 预合金粉,Z_2 代表 FAM-2120 预合金粉,Z_3 代表超细 Fe-Cu30 预合金粉(表 5-9)。

表 5-9 混料回归试验设计因素表

材料成分	取值范围/%	备注
Z_1(FAM-1020)	$38 \leqslant Z_1 \leqslant 48$	成分:Fe80Ni18Co2
Z_2(FAM-2120)	$30 \leqslant Z_2 \leqslant 42$	成分:Fe60Cu30Sn10Ti 微量
Z_3(超细 Fe-Cu30)	$12 \leqslant Z_3 \leqslant 20$	成分:Fe70Cu30

按照混料回归试验设计方法,先设计出一系列试验表格。从试验表格中找出有试验条件的组合(只有 5 个组合符合试验条件),列入表 5-10 中。

根据上述分析和烧结硬度相近的金刚石钻头的实践,本次热压试验参数设计如下:温度为 940℃,压力为 16MPa,保温时间为 4.5min,对各组合进行热压烧结试验。胎体样品经整平、磨光,测试胎体样品的硬度和耐磨性,所测试的结果列入表 5-10 中。

由表 5-10 可知，与制得胎体硬度（HRC）为 15 的配方比较接近的胎体配方组合有 2 号和 3 号，两个组合所对应的胎体性能很接近，可选择 3 号配方进行添加氧化铝空心球的试验。以上研究只是提供一种方法与基本配方和试验数据，在实际应用中应该加以调整与改进。同时，本试验研究采取弱化胎体耐磨性等相关措施，调整优化金刚石参数，以满足钻头性能要求和钻进的需要。

表 5-10 试验组合与胎体性能测试结果

序号	试验号	Z_1/%	Z_2/%	Z_3/%	耐磨性/mg	硬度（HRC）
3	1	46	42	12	260	17.2
8	2	38	42	20	266	16.7
10	3	40	42	18	263	16.8
13	4	48	40	12	258	17.4
16	5	48	32	20	262	18.2

四、添加剂设计

本次重点试验研究氧化铝空心球的应用效果。氧化铝空心球的试验研究内容包括氧化铝空心球的粒度、浓度等。

1. 氧化铝空心球的粒度

市场已有的氧化铝空心球有 0.1~1.0mm，1.0~3.0mm 以及 3.0mm 以上等不同的粒度，粒度对于胎体耐磨性和强度会产生较明显的影响。在浓度一定的情况下，氧化铝空心球的粒度小，比表面积大，意味着分散性好，在钻头胎体的底唇面上所形成的孔穴小且多，胎体耐磨性的弱化效果比较好；但是，如果粒度太小，比如小到 0.10mm 时，所形成的孔隙过小，对钻头胎体的弱化反而不利。当氧化铝空心球浓度一定时，其粒度越大，分散性越差，对于弱化钻头胎体的耐磨性同样是不利的，金刚石的自锐效果改善不明显。本次试验，氧化铝空心球的粒径选择不超过 1.0mm。

氧化铝空心球的粒径选择范围为 0.3~1.0mm，相当于 60~20 目金刚石的粒径，试验时可以选择 0.30mm、0.60mm 和 1.0mm 3 种粒径，比较接近粗粒金刚石的粒度。氧化铝空心球在胎体中所占的体积较小，分散性较好，这既对于金刚石的包镶强度影响较小，又能使得钻头胎体的耐磨性下降，有利于金刚石自锐出刃。

2. 氧化铝空心球的浓度

氧化铝空心球在胎体中的含量（即体积浓度，以下简称浓度）同样很重要，浓度高时，钻头胎体的弱化作用相应提高，但当提高到一定程度时，会明显降低胎体的强度，影响金刚石钻头的正常工作。而当氧化铝空心球的浓度低到一定程度时，对于弱化胎体耐磨性的作用很小。因而其体积浓度必须依据岩石的硬度与致密程度加以试验设计与选择,一般认为其体积浓度在10%~20%之间选择比较合理。本次确定选择10%、15%和20%三种浓度进行试验研究。

3. 氧化铝空心球参数试验研究

购回的氧化铝空心球的粒度为0.2~3.0mm,经过筛分选出3种粒度的氧化铝空心球进行试验,分别为0.3mm、0.6mm和0.9mm。氧化铝空心球在胎体中的体积浓度为10%、15%和20%。在3号配方的基础上,分别进行热压试验并对热压样品进行性能检测,检测结果列入表5-11中。热压工艺参数与制备普通热压钻头胎体的相同。

表5-11 钻头胎体耐磨性弱化试验设计表

序号	因素		磨损量/mg	弱化率/%
	氧化铝空心球粒度Z_1/mm	氧化铝空心球浓度Z_2/%		
1	0	0	290	/
2	0.3	10	350	20.69
3	0.6	10	330	13.79
4	0.9	10	320	10.34
5	0.3	15	360	24.14
6	0.6	15	350	20.69
7	0.9	15	340	17.24
8	0.3	20	390	34.48
9	0.6	20	380	31.03
10	0.9	20	370	27.59

由表5-11可知,氧化铝空心球的浓度相同时,粒度大的胎体耐磨性弱化程度低;而粒度相同时,浓度高的胎体耐磨性弱化程度高。

根据表5-11中的数据作柱状图(图5-27),从图5-27可知,氧化铝空心球浓度相同时,随着其粒度的增大,胎体的耐磨性弱化程度较小,耐磨性较高;随着氧化铝空心球的浓度增大,胎体耐磨性弱化程度增加,耐磨性呈下降的趋势。随着氧化铝空心球的粒度增大,不管其浓度如何变化,胎体的耐磨性弱化程度随浓度增大而增加,耐磨性呈下降的趋势。

由此可知,氧化铝空心球弱化胎体耐磨性的作用是很明显的。不仅氧化铝空心球的粒度对弱化胎体耐磨性的影响明显,而且氧化铝空心球的浓度同样是影响胎体耐磨性弱化效果的重要因素。这为设计钻进坚硬致密岩石的金刚石钻头提供了依据,为后续深入研究提供了可靠的信息与支持。

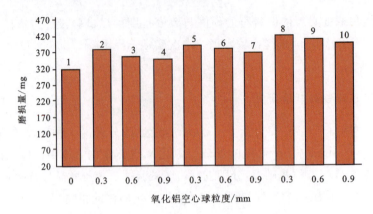

1.氧化铝空心球浓度为0;2—4.氧化铝空心球浓度为10%;5—7.氧化铝空心球浓度为15%;8—10.氧化铝空心球浓度为20%。

图5-27 氧化铝空心球粒度及浓度与耐磨性弱化效果的关系

采用序号为5的配比,胎体耐磨性的弱化率达到24.14%,采用该配比试制了一个钻头,进行了生产性试验。结果显示,钻头的使用寿命延长了12%,时效提高了23%,效果比较明显。

五、结论

(1)普通金刚石钻头难以适应钻进坚硬致密岩石,其主要原因是钻头胎体的耐磨性高,加之钻进工艺参数的局限,金刚石难以出刃,导致钻进效率极低。

(2)试验研究表明,弱化胎体耐磨性的有效方法之一是向胎体中添加氧化铝空心球等材料。氧化铝空心球能够在胎体中造成孔穴或孔隙,提高胎体表面的粗糙度和摩擦系数,弱化胎体的耐磨性,从而提高金刚石在胎体中的出刃效果。

(3)氧化铝空心球的粒度与浓度选择范围较广,在粒径为0.3~0.9mm和浓度为10%~20%的条件下均可以取得好的弱化效果;胎体的弱化率可以达到10%~34%,可以满足不同坚硬致密岩石的钻进需要。该研究结果为研制钻进坚硬致密岩石的钻头提供了有力的技术支持。

(4)本次试验研究虽然只是初步的,但前景是明确的,仍然需要在材料的种类、粒度与浓度多方面开展进一步的试验研究,力争对钻进坚硬致密岩石的钻头钻进效果有更好的提高与突破。

第六节 聚晶体热压金刚石钻头

一、钻头设计思路

碎聚晶体有序排列热压孕镶金刚石钻头制造方法为首先将碎聚晶体颗粒1按照一定的排列方式分布,固定在铝合金网2上,再移入预先设计、加工好的钢模内,然后在其上面铺一层根据计算好的配方制备的含金刚石的胎体材料3,构成切削单元层(图5-28)。依照这种方法,在钢模内共铺设 8～10 层含碎聚晶体的有序排列的孕镶切削单元层;其次采用冷压成型方法,预制出碎聚晶体有序排列孕镶金刚石钻头的扇形切削工作体 4(图 5-29);最后将多个扇形切削工作体 4 装入石墨模具中,经热压制成碎聚晶体有序排列孕镶钻头。

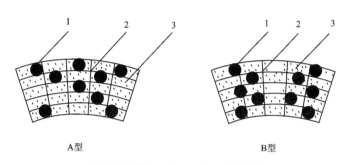

1.碎聚晶体颗粒;2.铝合金网;3.胎体材料。

图 5-28　单层碎聚晶体孕镶金刚石钻头切削单元层设计示意图

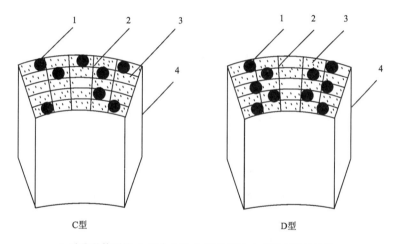

1.碎聚晶体颗粒;2.铝合金网;3.胎体材料;4.扇形切削工作体。

图 5-29　多层扇形体结构示意图

碎聚晶体孕镶金刚石钻头的胎体粉料采用预合金粉,专门设计该钻头胎体材料体系;该钻头设计合理、科学,碎聚晶体可以维持很高的出刃量,能增加切入岩石的深度,提高钻头破碎岩石的效率。

碎聚晶体有序排列热压孕镶金刚石钻头的基本结构如图 5-28 和图 5-29 所示,钻头底唇面结构如图 5-30 所示。

1. 多层碎聚晶体工作层研制

有序排列碎聚晶体热压孕镶金刚石钻头破碎岩石的主体材料为碎聚晶体,钻头工作层由多层水平有序排列碎聚晶体,加一定含量金刚石与胎体材料构成;先冷压成型后热压烧结制成该新型钻头,其步骤如下。

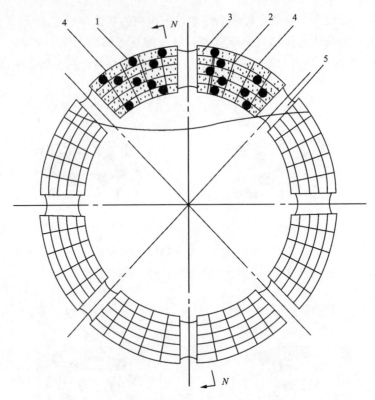

1.碎聚晶体；2.金属网；3.钻头胎体材料；4.扇形切削工作体；5.钻头水口。

图 5-30 聚晶体钻头底唇面结构示意图

(1)在设计好的铝合金网上按照设计、有规律地排布碎聚晶体，用有机胶固定，并移入冷压钢模内，再铺上含有金刚石的胎体粉料，形成一层厚度为 1.5～2.0mm 的含碎聚晶体和金刚石胎体粉料的扇形切削单元层(图 5-28)。

(2)含碎聚晶体的扇形切削单元层设计为 8～10 层，一层一层、按水平方向排列在钢模中；每层上面覆盖含有金刚石的胎体粉料，经冷压成型构成钻头扇形切削体 4(图 5-29)。依据钻头规格，将所需 8～10 层扇形切削工作体 4 置于钻头石墨模具中，加上焊结保径层材料，压上钻头钢质基体，进行热压烧结制成钻头(图 5-30)。

(3)扇形切削单元层(图 5-28 中 A 型和 B 型)可以组成两种不同排列方式的对应扇形切削体(图 5-29 中 C 型和 D 型)，在钻头的整体布局中，C 型和 D 型错开排布。

(4)在有序排列碎聚晶体孕镶金刚石钻头中，破碎岩石的主体材料为碎聚晶体，其粒径在 2.0～2.5mm 之间，碎聚晶体高 2.0～2.2mm，含有序排列碎聚晶体的扇形切削单元层(图 5-27)的厚度为 2.0～2.2mm。

(5)本钻头的胎体粉料中含有浓度为 15%～20% 的金刚石，金刚石的粒度为 30/40 目，品级为 SMD30，该部分金刚石为破碎岩石的辅助材料，同时能够起到延长钻头使用寿命和均衡钻头胎体磨损的作用。

(6)碎聚晶体可以选用粒径为 2.0mm 的颗粒，也可以选择粒径为 1.0～1.5mm 的颗粒；

可以混合使用,也可以单独使用,以满足不同的岩层钻进要求。一般不选择粒径更大的碎聚晶体,因为可能影响钻进效果。

(7)将钢模内叠加在一起的8~10层有序排列碎聚晶体扇形切削单元层进行冷压成型,预制出有序排列碎聚晶体孕镶金刚石钻头切削单元体。冷压成型参数:压力为 $2\sim3t/cm^2$,保压时间为5~8s。

将预制好的有序排列碎聚晶体孕镶钻头切削体移入石墨模具内组装,加上保径层材料和粉料,压上钻头钢体;完成模具组装后,通过热压烧结制成钻头。在中硬地层中钻进,可以获得钻进时效高、钻头进尺多、单位进尺成本低的效果,这种钻头的结构特点和钻进优势是其他普通金刚石钻头所不具有的。

2. 碎聚晶体热压金刚石钻头胎体性能

本钻头的性能与普通孕镶金刚石钻头的性能相近,由于碎聚晶体颗粒比金刚石大,要求胎体包镶碎聚晶体的强度较高、耐磨性较强,才能确保钻头具有好的钻进效果。钻头性能由钻头的胎体材料、碎聚晶体磨耗比、胎体中金刚石等磨料以及热压参数保障。

1)胎体材料

试验表明,胎体的硬度(HRC)为20~25,耐磨性为250~216mg,胎体的实际密度不低于理论密度的98.6%;扇形切削单元层中,包镶碎聚晶体的胎体材料可以采用FeCuNi、FeCuCr、FeCuMn、FeCu30等基础预合金粉材料,同时配合一定含量的663-Cu合金粉和WC,调节钻头的耐磨性和对岩层的适应性。

胎体材料中金刚石的浓度为16%~22%,金刚石的粒度为30/40目,金刚石品级为SMD30。

2)钻头结构

该类型的钻头所需的扇形切削体的数量不同,多采用偶数,有利于两种结构单元切削体的合理排布;钻头的整体布局中,同时采用扇形切削体C型和D型交错排列分布,而并非一种钻头只采用图5-29中C型或D型扇形切削体。

由于该类钻头主要用于钻进可钻性为Ⅴ~Ⅶ级岩石,钻速较快,产生的岩粉量较多且岩粉颗粒较粗,因此要求冲洗液量较大,钻头水口宽度设计为6~7mm。

3)热压工艺参数

将组装好的有序排列碎聚晶体扇形切削体(图5-29中C型和D型)按照交错排列原则依次装入石墨模具内,全部扇形切削体组装完成后,再插入预制好的水口块,装入焊结保径层金属粉料和保径材料,压上钻头钢基体,送入中频电炉中热压烧结。出炉后置于保温条件下缓慢冷却至室温,即完成钻头的制造。

热压工艺参数设计如下:热压温度为950~960℃,热压压力为17~18MPa,保温时间为5.0~5.5min;采用较慢的升温速度,中间设置1~2次保温时间,每次20~30s;出炉温度为780~800℃。

二、复合型聚晶金刚石钻头

复合型热压孕镶聚晶金刚石钻头的主体磨料采用具有尖锐的切削面的碎聚晶体,其体积浓度为18%～25%。钻头的第一工作层为表镶完整聚晶体结构,采用有序排列,以保证钻头下入钻孔内即能有效钻进(图5-31);后续工作层为孕镶碎聚晶体结构,为无序排列。碎聚晶体采用覆膜处理,并采用制粒技术,使它在胎体中尽可能均匀分布。工作层胎体中还复合单晶金刚石,其百分比浓度为15%～20%,金刚石粒度为30/40目和40/50目,可以有效实现钻头匀速钻进、自磨出刃和均衡磨损。该新型结构钻头采用热压方法制造,结构独特,是一种能在可钻性为Ⅴ～Ⅶ级和部分Ⅷ级岩石中钻进,钻进效率高、使用寿命长的复合型热压孕镶聚晶体金刚石钻头(图5-31)。

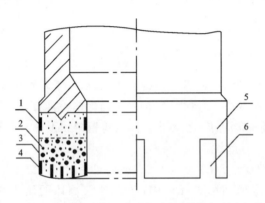

1.保径聚晶体;2.金刚石;3.碎聚晶体;4.底工作层中聚晶体;5.钻头钢体;6.钻头水口。

图5-31 复合型聚晶体金刚石钻头示意图

该复合型聚晶体热压金刚石钻头除上述特点外,还具有以下特点。

(1)该类型钻头的第一工作层为表镶完整聚晶体结构,后续工作层为孕镶碎聚晶体结构;工作层胎体中还复合了单晶金刚石;钻头的胎体材料采用预合金粉。

(2)碎聚晶体在胎体中的体积浓度为18%～25%;复合的单晶金刚石粒度为30/40目与40/50目,其百分比浓度为15%～20%,全部采用SMD30型金刚石,粒度为30/40目的金刚石占60%,粒度为40/50目的占40%。

(3)该类型钻头破碎岩石的主体磨料为碎聚晶体,碎聚晶体经制粒处理。制粒材料为Fe-Cu30预合金粉,黏结剂可以采用硬脂酸锌或三乙醇胺。

(4)该类型钻头的胎体材料采用预合金粉,碎聚晶体热压金刚石钻头胎体材料的基本组成相同。

该类型钻头是为克服现有金刚石钻头所存在的不足之处,提供一种在中硬及弹塑性地层中能自磨出刃,具有切削和磨削双重作用的高效、长寿命、适用性广的复合型热压聚晶体孕镶金刚石钻头,能够较大幅度提高钻探效率,节约钻探成本。

(5)该类型钻头采用中频电炉热压烧结,热压工艺参数如下:烧结温度为950～960℃,压力为17～18MPa,中间设两次保温时间,每次20～30s;保温-保压时间为5～5.5min;当炉温下降到800℃时即可出炉。

与已有技术方法相比,该类型钻头的有益效果体现在:采用碎聚晶体作为破碎岩石的主体材料,具有尖锐的自由切削面,其出刃高,具有磨削和切削双重作用,在中硬和弹塑性岩层中必然会获得高的钻进效率；钻头的第一工作层采用表镶方式，钻头下入孔底无须初磨时间即可直接钻进；由于含有多层无序排列碎聚晶体孕镶工作层，钻头的工作层可高达 15mm，钻进过程中能很好地自磨出刃，可以获得较好的钻进时效；钻头工作胎体中孕镶了百分比浓度为 15%～20% 单晶金刚石，不仅可以参与破碎岩石，同时可以保持钻头工作层的平衡磨损，提高钻头的使用效果。同时由于该类型钻头在钻进过程中能很好地出刃，且出刃较高，钻头排粉效果好，可避免重复破碎与钻头泥包现象的发生，非常适合在工程勘察中使用。该类型钻头制造成本较低，与常规热压金刚石钻头相比，其性价比可提高约 20%。

第七节　热等静压孕镶金刚石钻头研究

为提高孕镶金刚石钻头的力学性能，从热压工艺参数入手，采用热等静压（hot isostatic pressing，HIP）方法，设计专用的预合金粉胎体材料，试制热等静压试件和钻头，并对试件进行硬度与耐磨性测试。结果表明：与普通热压试件性能对比，热等静压试件的硬度（HRC）平均提高 2.0～3.0，磨损量平均下降 23～35mg，实际密度分别达到理论密度的 98.7% 与 99.1%。试制钻头与普通钻头在野外钻进可钻性为Ⅷ级的石英闪长斑岩和花岗片麻岩时，前者的平均钻速达到 1.87m/h，平均进尺为 126.8m，且使用寿命延长 42.5m/个。热等静压方法优势明显，能制造适应性好、耐磨性高的孕镶金刚石钻头。

热压方法是我国制造孕镶金刚石钻头的主要方法，多采用自控中频电炉或电阻炉热压烧结制造钻头。传统的胎体材料多采用单质金属粉，如铁、镍、锰、钴、铬等单质金属材料以及 WC 与 YG8 等骨架材料，配备较高含量的铜合金黏结材料等。然而，这 3 类胎体材料的物理力学性质相差很大，受传统思路和胎体材料局限性的影响，热压参数中的压力一般设定为 12～15MPa，烧结温度一般在 940～960℃ 之间，故所制得的钻头胎体硬度与耐磨性等力学性能有限，很难实现孕镶金刚石钻头高效、长寿命的目标。

前期进行的提高热压温度与压力试验发现：对于相同的胎体材料，提高热压温度与压力后胎体的力学性能得到较明显的改善，如采用传统的 63 号配方胎体材料，当温度提高到 980℃、压力提高到 19MPa 时，钻头胎体的硬度（HRC）由原来的 35.0 提升至 37.2。这表明用传统热压方法及工艺制造的金刚石钻头，其性能有很大的提升空间。

此外，从前期试验中还发现：提高温度与压力后，普通金刚石钻头胎体出现了黏结金属流失现象，因此钻头的胎体材料有必要进行新的选择及组合优化。首先，黏结金属含量不能太高，WC 和 YG8 骨架材料以及铁、钴、镍、锰等金属的含量也必须适当相应调整；其次，胎体材料体系及其相配合的热压工艺参数需要重点研究。前期实践表明，从金刚石钻头胎体材料的选择、制造方法和工艺参数出发进行研究，是一条提高孕镶金刚石钻头质量与提升钻头对岩层适应性的切实可行的途径。

热等静压方法主要用于热等静压连接、复杂零件的整体成型及铸件的致密化处理等应用领域，还没有采用热等静压方法制造孕镶金刚石钻头的先例。热等静压技术又称"气压黏结"，以铁、铝等铸件为例，采用热等静压工艺，铸件的致密化程度可接近或达到

100%。大量研究表明：采用热等静压方法不仅能消除铸件与烧结件内部孔隙，还能改善铸件与烧结件的组织结构，提升其整体力学性能。这些优势是制造孕镶金刚石钻头的理论依据与技术基础。

热等静压方法有一定的前提条件和特殊的工艺技术要求。为满足其基本技术要求，采用低压烧结方法预制出孕镶金刚石钻头坯体，之后直接转入热等静压程序，实施热等静压工艺，省去了普通热等静压方法需要设计与加工必备的"包套"的步骤，降低了制造金刚石钻头的成本。综合二者的长处，将低压烧结和热等静压方法相结合，制造出高致密性、高耐磨性的孕镶金刚石钻头，解决硬且研磨性强岩石的钻进难题，以实现钻头高效、长寿命与高适应性的目标。

一、热等静压孕镶金刚石钻头理论基础

热等静压孕镶金刚石钻头的制备包括低压烧结和热等静压致密化处理两道工序。低压烧结为热等静压创造条件，而热等静压为金刚石钻头致密化提供技术保障与支持。

低压烧结孕镶金刚石钻头的方法属于热压方法中的一种特例，制造工艺为先预热后加压，当温度升至一定值时加压，压力较低，制造出的孕镶金刚石钻头是一种坯体，要求坯体的密度必须不低于理论密度的95%。低压烧结金刚石钻头具有烧结出的钻头规范、精度高，同时可直接进入热等静压炉内完成钻头最终致密化制作，无须设计与加工普通热等静压所需的包套，大大简化制造工艺、降低钻头的制造成本等益处。这是设计低压烧结工序的主要原因，也是采用热等静压技术中的重要一环。

低压烧结工艺为先加温后加压，滞留在金属粉末中的空气与还原性气体在烧结初期不易被排出，金属粉末被预氧化，实质上起到了活化烧结的作用。热等静压烧结相对于普通热压烧结属于超高温、超高压烧结。热等静压炉内先抽真空，真空度达到 10^{-3} Pa；然后充入高压氮气等惰性气体，并作为压力传递介质，达到设计的压力值后再升温。真空条件下，高温的惰性气体对金刚石热腐蚀作用极小，反而有利于金刚石与胎体材料的融合，提高胎体包镶金刚石的强度，进而延长钻头使用寿命。同时，钻头坯体在超高温、超高压作用下，粉末颗粒的相对滑动、破碎和塑性变形程度提高，加快颗粒的重排、体积扩散，实现固相烧结，加速胎体的致密化进程。因而大大加强了金属粉末之间以及金属粉末与金刚石之间的相互作用和有效融合，不会出现黏结金属流失或偏析，有利于实现所设计钻头胎体力学性能的稳定、组织结构的致密和均匀，进而提高孕镶金刚石钻头破碎岩石的能力和效果。

二、钻头胎体材料及其体系

低压烧结和热等静压方法相结合制造钻头，须优选钻头胎体材料。试验表明：钻头胎体材料中无纯铜合金粉末，骨架材料为含量不高的 $WC(W_2C)$、YG8（YG12）或二者组合，加上以铁、钴、镍、锰、铬等金属为主体的、不同组合的超细预合金粉构成钻头的胎体材料。材料烧结性能独特，硬度与耐磨性较高，包镶金刚石的效果好，且胎体与岩石的摩擦系数提高，摩擦磨损机理发生了转变，可实现钻头胎体略超前于金刚石磨损，确保金刚石适时、有效出刃，钻头具有钻速高且稳定等优势。故选用此类材料为钻头胎体材料。

前期的预研究结果表明:制备热等静压钻头所需的温度和压力远远超出普通热压方法的温度和压力,按照普通钻头胎体材料条件,黏结金属的含量需高达32%～40%甚至更高,热等静压时黏结金属会明显流失,将改变钻头胎体的成分。因此,热等静压用的胎体材料采用预合金粉,且不能含纯铜合金材料。

依据以往设计与制造孕镶金刚石钻头的实践经验,预合金粉胎体材料以铁、钴、镍、锰、铬等金属不同组合的超细预合金粉为基础材料,同时添加12%～25%的WC或YG8骨架材料,以提高胎体的耐磨性。如此选择的原因如下:①在热等静压作用下,胎体致密化程度较高,材料的黏结性提高,包镶金刚石的效果好,有利于延长金刚石钻头使用寿命;②所优选的胎体材料经热等静压致密化处理,可实现金刚石的强力包镶与有效出刃。

经过对不同预合金粉及其组合的试验与分析,以及综合以往的金刚石钻头设计经验,试验中采用湖南富烨新材料股份有限公司和湖南省冶金材料研究院生产的FAM-1020、FAM-3010、FJT-06、FJT-A2、FJT-A4、FJT-A6以及YG8、WC等材料,在这些材料中,除YG8与WC外,其余均为铁、钴、镍、锰、铬等不同金属组合的预合金粉。优选了其中5种作为热等静压法制造金刚石钻头的胎体材料,并对所选胎体金属材料进行回归试验设计,得出优化的胎体材料配比与制造工艺参数,钻头胎体能满足金刚石钻头力学性能要求,金刚石钻头的2种胎体配方如表5-12所示,配方代号为PF-1与PF-2。

表5-12 金刚石钻头的胎体配方

配方代号	胎体质量百分数 $\omega/\%$					理论密度 $\rho/(g \cdot cm^{-3})$
	FAM-1020	FAM-3010	FJT-06	FJT-A2	WC	
PF-1	33	22	18	15	12	8.27
PF-2	32	25	15	12	16	8.47

采用如表5-12所示的2种胎体配方制造金刚石钻头胎体试件,为制造普通热压烧结金刚石钻头和热等静压金刚石钻头,提供可靠的依据与保障。

三、制造工艺参数

1. 低压烧结钻头坯体

热等静压孕镶金刚石钻头试件制备由低压烧结坯体加热等静压强化两部分组合完成。

钻头坯体的低压烧结工艺参数如表5-13所示。低压烧结的孕镶金刚石钻头坯体制造过程如下:试件成分按表5-12中的配方计算、称量、混合均匀,后称取成型料并装模后,按表5-13中的升温速度升温,当温度升至650～700℃时开始加压,此后升温和升压同时进行,直至达到表5-13中2种胎体配方对应的最高温度和压力;保温保压后停电,钻头坯体随炉降温、出炉,低压烧结孕镶金刚石钻头坯体制备完成。制备好的低压烧结孕镶金刚石钻头坯体的致密度必须不低于其理论密度的95%,这样才能满足直接进入热等静压环节强化坯体的要求。需要说明的是，表5-13中随炉降温至550~600℃的目的，是释放钻头坯体的大部分热应力。此时胎体金属与金刚石的融合和对其包镶初步完成，胎体的组织结构大部分形成，但其硬度与耐磨性等力学性能还没有达到高质量孕镶金刚石钻头的要求。

表5-13 低压烧结工艺参数

参数	取值	
	PF-1	PF-2
温度 θ_1/℃	930	940
升温速度 v/(℃·min^{-1})	100	95
压力 p_1/MPa	12	13
保温-保压时间 t_1/min	3.0	3.5
出炉	随炉降温至550~600℃出炉，冷却至室温。	

2. 热等静压钻头试制

在上述低压烧结孕镶金刚石钻头坯体上施以热等静压程序，以实现胎体金属材料颗粒之间的重组与重排，粉末颗粒的重塑变形和扩散得以有效进行，试件中的孔隙进一步圆化，孔隙度进一步降低，钻头胎体组织更加致密，力学性能得到大幅度提升，高硬度、高耐磨性的孕镶金刚石钻头得以制成。热等静压烧结工艺参数如表5-14所示，其参数是基于孕镶金刚石钻头的制造工艺要求和前期试验结果得出。热等静压炉必须在抽真空后充满氮气等惰性气体，满足所需的高压力要求；惰性气体同时成为传压介质，为热等静压提供超高压力源。

热等静压孕镶金刚石钻头试件制造过程如下：①先按表5-13参数低压烧结孕镶金刚石钻头坯体，冷却后将其送入热等静压炉内；②对热等静压炉抽真空，真空度达到10^{-3}Pa后，压入氮气等惰性气体，压力达到设计压力值；③按表5-14参数启动热等静压程序，通电升温，待温度与压力达到预设值时，保温、保压0.3~0.5h，然后随炉冷却至室温，完成热等静压孕镶金刚石钻头试件试制。

表5-14 热等静压工艺参数

参数	取值	
	PF-1	PF-2
真空度 p_2/Pa	10^{-3}	10^{-3}
温度 θ_2/℃	1080	1120
压力 p_3/MPa	35.0	40.0
保温、保压时间 t_2/h	0.5	0.5
出炉	随炉冷却至室温	

3. 试件性能检验

对制备的 2 种钻头试件,采用 HR-100A 布洛维硬度计进行硬度检测,采用 MPx-2000 型摩擦磨损试验机测试试件耐磨性,耐磨性以试件的实际磨损质量表征,用 DA-300PM 多孔性材料密度测试仪测量试件密度。试件的物理力学性质测试结果列入表 5-15。

由表 5-15 可知,2 种不同胎体的试件的硬度、密度与耐磨性明显不同,热等静压试件硬度、密度明显高于相同材料普通热压烧结试件,而其磨损量则相反,说明热等静压烧结试件更耐磨,其总体性能提升明显。同时,同一类型试件的 2 种胎体材料间的性能差别不大。

表 5-15 试件力学性能测试结果

力学性能	测试结果	
	PF-1	PF-2
普通热压试件的硬度(HRC)	33.2	33.5
普通热压试件磨损量 Δm_1/mg	154	150
普通热压试件的密度 ρ_1/(g·cm^{-3})	7.97	8.21
热等静压试件的硬度(HRC)	35.1	35.6
热等静压试件磨损量 Δm_2/mg	147	143
热等静压试件的密度 ρ_2/(g·cm^{-3})	8.16	8.39

从表 5-15 还可知,热等静压试件的硬度(HRC)比普通热压烧结的平均提高约为 2.0,其耐磨性平均提高(即磨损量平均下降量)7.0mg。普通热压烧结制成的 PF-1 与 PF-2 配方试件的密度为表 5-12 中的理论密度的 96.4% 和 96.9%,热等静压烧结制成的 PF-1 与 PF-2 配方试件密度为表 5-12 中的理论密度的 98.7% 和 99.1%。上述结果说明制造方法和工艺参数不同,对孕镶金刚石钻头试件的硬度、耐磨性与致密性等力学性能影响不同,变化较明显。

金刚石试件的密度与硬度、耐磨性在表征其性能上有相近之处,但不完全等同。相同材料的胎体密度越大,对金刚石的包镶效果越好,且金刚石出刃效果优良。随着热等静压胎体密度增大,孕镶金刚石钻头的磨蚀性改善,钻头的使用效果随之提高。所以,上述方法对研发高耐磨性孕镶金刚石钻头的意义明显,且试验所采用的热等静压压力和温度并不是很高,有继续提高热等静压温度和压力的可行性,因而胎体的密度、硬度和耐磨性还有提升的空间。同时,配合调节胎体成分与配比,能够获得适应性好、耐磨性高的孕镶金刚石钻头。

四、热等静压孕镶金刚石钻头研究

1. 普通热压钻头试制

按照 PF-1 和 PF-2 两种配方,普通热压钻头的金刚石参数与热等静压钻头的相同,选择粒度为30/40目(质量百分数为65%)和40/50目(质量百分数为35%)的2种金刚石混合,金刚石百分比浓度为90%。

普通热压金刚石钻头制造工艺参数,可以参考预合金粉金刚石钻头的比较成熟的制造工艺参数,即温度为940~950℃,压力为15~16MPa,保温、保压时间为5~5.5min,降温至800℃出炉,出炉后冷却至室温,便制成普通热压金刚石钻头。

2. 热等静压钻头试制

试制热等静压孕镶金刚石钻头采用PF-1与PF-2配方,选择粒度为30/40目(质量百分数为65%)和40/50目(质量百分数为35%)的2种金刚石混合,金刚石百分比浓度为92%,热等静压参数如表5-14所示。热等静压金刚石钻头与普通热压金刚石钻头的胎体配方与金刚石参数相同,有利于对比制造方法与工艺参数对金刚石钻头质量的影响程度。

热等静压钻头与普通热压钻头的结构相同,其外部形貌相同,钻头的规格均为S77/48mm,S表示绳索取芯钻头,设置8个水口,即8个扇形工作体,水口宽6mm(图5-32)。图5-32中A表示在钻头底唇面上取一点A,作为三维激光显微镜的观察分析点。

图5-32 热等静压钻头的磨损情况

3. 钻头钻进试验结果及分析

两种钻头钻进试验在山东某金矿矿区进行,钻进可钻性为Ⅷ~Ⅸ级的石英闪长斑岩和花岗片麻岩。实钻时钻机为HXY-9B型,钻头转速为484r/min和682r/min,钻进压力为15~20kN,冲洗液流量为30~40L/min。

同一配方两种不同工艺下试制的两种金刚石钻头,钻头钻进效果的评价取平均值。两种钻头的钻探现场效果对比列入表5-16。从表5-16可以看出,热等静压钻头的平均钻速达到 1.87m/h,比普通热压钻头的钻速 1.95m/h 低 0.08m/h,但钻头平均进尺为 126.8m,是普通热压钻头 84.3m 的近 1.51 倍,热等静压钻头寿命比普通热压钻头平均高 42.5m/个。

表 5-16　两种钻头钻进效果对比

类型	平均钻时 t_3/h	平均进尺 L/m	平均钻速 $v/(m \cdot h^{-1})$	钻速对比	寿命比较
普通热压钻头	43.23	84.3	1.95	热等静压钻头低 0.08m/h	热等静压钻头进尺高 42.5m/个
热等静压钻头	67.81	126.8	1.87		

图 5-32 为热等静压方法试制的金刚石钻头在钻进 3 个回次后钻头磨损的外部形貌图。用基恩士 VK-100 三维激光共聚焦显微镜观察图 5-32 中钻头的唇部 A 处,观察胎体磨损、金刚石的包镶和出刃状态,结果如图 5-33 所示。

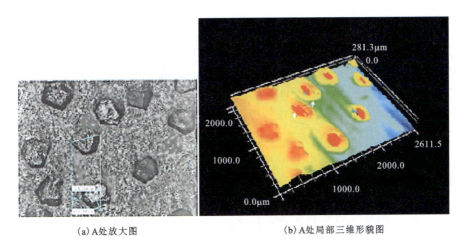

(a) A 处放大图　　(b) A 处局部三维形貌图

图 5-33　热等静压钻头唇部形貌

由图 5-33(a)与图 5-33(b)可知:

(1)热等静压钻头中的金刚石在胎体中分布较均匀。共聚焦显微镜测出约 2/3 的金刚石的出刃高度为金刚石粒径的 1/4~3/5,金刚石出刃较高,可获得较快的钻速;

(2)约 1/3 的金刚石出刃高度为金刚石粒径的 1/5~1/4,表明金刚石的搭接高度合理,钻头的连续钻进效果好;

(3)金刚石在胎体表面出现了尾部支撑,表明胎体包镶金刚石良好,可维系金刚石钻头进行较长时间的钻进,有利于延长钻头的使用寿命;

(4)金刚石与胎体结合部位没有清晰的界线,说明胎体与金刚石实现了有效融合,可强力包镶金刚石;

(5)在共聚焦显微镜下,金刚石没有出现被压裂、破碎或石墨化等损伤现象,表明在所试验的热等静压工艺参数条件下金刚石没有明显的热损伤或损坏。因此,试验的热等静压钻头的耐磨性远超普通热压方法制造的金刚石钻头的耐磨性。

总之,低压烧结加热等静压方法是一种较理想的制造适应性好、耐磨性高的孕镶金刚石钻头的方法。当然,作为初步的试验研究,热等静压参数相对还不是很高,两种配方胎体的钻头制造最高温度只有1080℃和1120℃,最高压力只有35MPa和40MPa(受试验设备能力的限制)。继续升高温度与压力,热等静压对金刚石的损伤程度会发生什么变化?金刚石有没有可能损伤,损伤机理是什么?对钻头胎体的力学性能的影响规律会发生哪些改变?这些都需要通过后续试验去深入研究。只有这些问题都得到解决,热等静压方法制造孕镶金刚石钻头的质量才能得到稳步提高,才能确认胎体材料的优化组合,才能确认热等静压工艺参数与胎体材料的最合理、最科学的配合。

五、结论

(1)低压烧结加热等静压方法是提高孕镶金刚石钻头质量的一种切实可行的方法,也是一种制造具有普适性和高耐磨性孕镶金刚石钻头的具有发展前景的有效方法。

(2)低压烧结是试验研究中不可缺少的工艺技术,它为热等静压方法准备了条件,无须设计和制造普通热等静压方法必须具备的"包套",简化了设计与加工工序,降低了成本。

(3)热等静压烧结钻头的硬度(HRC)与普通热压烧结的相比,平均提高约2.0,其耐磨性平均提高约7.0mg;且两种配方条件下前者的胎体密度分别为其理论密度的98.7%和99.1%,实现了提高孕镶金刚石钻头性能的目标。

(4)热等静压钻头钻进可钻性为Ⅷ~Ⅸ级的石英闪长斑岩,其平均钻速达到1.87m/h,钻头平均进尺为126.8m,寿命比普通热压钻头寿命长42.5m/个。

(5)热等静压钻头中的金刚石在胎体中分布较均匀,金刚石磨粒出刃较高且合理,金刚石的搭接高度合理,胎体包镶金刚石良好,胎体与金刚石实现了有效融合,可强力包镶金刚石,没有发现金刚石被压裂、破碎或石墨化等损伤现象。

(6)进一步研究低压烧结加热等静压方法的工艺参数,深化钻头胎体材料体系及其配比与制造工艺参数的优化配合研究,可望进一步提升孕镶金刚石钻头的质量。

第八节 强-弱组合扇形体结构金刚石钻头

一、复合扇形体钻头的特色

孕镶金刚石钻头在钻进坚硬致密岩石时,常遇到的问题是钻进效率低,甚至钻头出现打滑,即钻进时效低或极低,钻头胎体不磨损。同时,常常在一个钻孔中,除了坚硬致密的岩石外还可能出现中硬与硬的普通岩石。钻探现场的工作者迫切希望有一种孕镶金刚石钻头能够满足这种钻进工况和岩石变化的要求,期待一种具有普适性孕镶金刚石钻头问世。本节中作者为孕镶金刚石钻头设计了两种结构方式,基本思路是降低钻头的硬度和耐磨性,以期相对提高钻进压力,改善金刚石的出刃效果,加快钻速和提高钻头对岩石的适应性。

这是一种在钻进时效较低或极低的复杂岩石中钻进时能加快钻速和提高钻头适应性的孕镶金刚石钻头设计方法。该钻头由两种不同性能与规格的扇形工作齿组合而成,即主工作齿和辅助工作齿交替组合成一个钻头,主工作齿是破碎岩石的主体,其硬度较高,耐磨性较强,金刚石的浓度较高,以延长钻头的使用寿命。而辅助工作齿的硬度较低,耐磨性稍差,可以改变钻头对岩石的适应性,有助于提高钻进效率。两者相辅相成,构成一种性能独特的孕镶金刚石钻头。

二、扇形体设计

本次研制的金刚石钻头,是一种在钻进时效极低的岩石中钻进时能够明显提高钻进效率的孕镶金刚石钻头;在复杂多变的岩石中,也能取得好的钻进效果的孕镶金刚石钻头。金刚石钻头的扇形工作齿由两种性能不同和两种规格不同的扇形工作齿相间组合构成,即 S1 和 S2 扇形体(图 5-34),S1 和 S2 的性能不同,金刚石参数不同;设计了较宽水口,在地表通过钻杆无法有效提高压力的情况下,能提高钻头单位面积上的钻进压力;提高金刚石的出刃效果,实现较高时效的钻进目标。该类型钻头主要通过扇形体的规格与性能的优化设计,达到预计的目标。

1. 扇形工作体的性能

辅助工作齿 S2 的胎体硬度低,金刚石较容易出刃,且金刚石的质量稍差,金刚石的棱角比较突出,有利于切入岩石;岩石破碎后的岩粉颗粒比较粗,对主工作齿胎体有较好的冲蚀磨损作用,有利于主工作齿中的金刚石出刃。同时,辅助工作齿面积较小[图 5-34(b)],硬度较低,耐磨性较弱,钻进中消耗钻压较小,能够提高主工作齿上的钻进压力。上述几方面综合作用可以有效提高钻进效果,最终实现加快钻速的目的。这是设计与研制该类型钻头的理论基础,也是完全不同于常规钻头设计理念的地方。

钻头工作齿的性能主要取决于钻头胎体的材料与热压工艺参数。

主工作齿的胎体基本组成成分:WC 占比为 14%～22%,Ni 占比为 9%～12%,663-Cu 合金粉占比为 10%～14%,Fe-Cu30 合金粉占比为 36%～46%。辅助工作齿的胎体基本组成成分:WC 占比为 10%～14%,Ni 占比为 8%～10%,663-Cu 合金粉占比为 16%～20%,Fe-Cu30 合金粉占比为 45%～55%。

设计热压工艺参数时,必须考虑与兼顾主-辅工作齿的材料与性能的差异,温度与压力高了可能引起辅助齿中黏结金属的流失,最终影响钻头的性能。经过试验,热压温度为 930～940℃,压力为 17～18MPa,保温时间为 5.0～5.5min。

2. 扇形工作体的结构

除了针对钻进岩石难和钻速低等问题设计钻头的性能外,扇形工作齿的结构设计同样十分重要,它主要涉及主工作齿和辅助工作齿的底唇面面积之比,可以用 m_{S1}/m_{S2} 值表示。对于钻进时效极低的岩石,m_{S1} 与 m_{S2} 的比值取 3∶2;而对于钻进比较复杂的岩石,m_{S1} 与 m_{S2}

的比值取 2∶1；钻进其他的岩石，可以在 3∶2～2∶1 之间设计与选择。实践证明，这种参数设计是合理且可行的，必要时可以适当调整。

对于图 5-34(a)所示钻头结构，S1 与 S2 的面积相等，此时 S1 对应的工作齿的胎体硬度(HRC)取 20，而辅助工作齿的胎体硬度(HRC)取 15。

对于图 5-34(b)所示钻头结构，m_{S1} 与 m_{S2} 的比值取 3∶2 时，主工作齿胎体的硬度(HRC)为 20，辅助工作齿胎体的硬度(HRC)为 15；m_{S1} 与 m_{S2} 的比值取 2∶1 时，主工作齿胎体的硬度(HRC)为 18，辅助工作齿胎体的硬度(HRC)为 14。

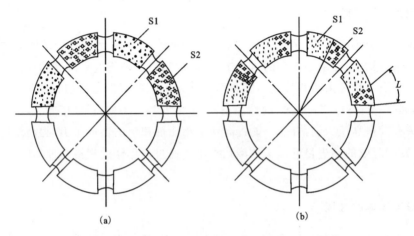

S1.主扇形工作齿；S2.辅助扇形工作齿；L.辅助扇形工作齿弧长。
图 5-34 复合扇形体孕镶金刚石钻头结构示意图

配合设计不同宽度的水口属于钻头结构设计的范畴。钻头水口不仅仅可以流通洗井液，冷却钻头和携带岩粉，同时可以起到调节钻进效果和对岩石适应性的作用。不管是哪种结构的钻头，水口的宽度设计为 5～7mm 都能基本满足要求；依据岩石的坚硬程度，多数情况下水口宽度设计为 6mm，在需要提高钻速或钻头对岩石的适应性时，水口宽度设计为 7～8mm。

如图 5-34(b)所示的钻头结构，钻头装模时可以采用如图 5-35 所示的工具。钻头的扇形体由两块组成，装模方便且实用。

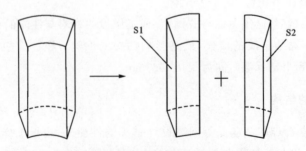

S1.主扇形工作齿；S2.辅助扇形工作齿。
图 5-35 复合扇形体钻头装模工具

3. 钻头金刚石参数

如图 5-34(a)所示,主扇形工作齿 S1 是破碎岩石的主体,其胎体硬度(HRC)为 18～22,耐磨性较高,选用 SMD40 型金刚石,金刚石浓度为 65%～75%,金刚石粒度为 40/50 目和 50/60 目。辅助工作齿 S2 的胎体硬度(HRC)为 10～12,耐磨性低,起辅助破碎岩石和促使主工作齿有效破碎岩石的作用,选用 SMD25 型金刚石,金刚石浓度为 40%～45%,金刚石粒度采用 40/50 目、50/60 目,其中 40/50 目金刚石占比为 70%;钻头水口宽度为 6～8mm。

如图 5-34(b)所示,一个扇形工作体由强-弱两部分齿组成,强齿部分 S1 的硬度(HRC)为 18～20,选用 SMD40 型金刚石,金刚石浓度为 65%～75%,金刚石粒度为 40/50 目;弱齿部分 S2 的硬度(HRC)为 10～12,选用 SMD30 型金刚石,金刚石浓度为 50%～55%,金刚石粒度全部采用 50/60 目。主工作齿 S1 与辅的工作齿 S2 的面积之比为 3:2～2:1,依据岩石性质设计确定或调整;钻头水口宽度为 6～8mm。

4. 热压工艺参数

主、辅工作齿的胎体材料和金刚石的混合料按设计要求配料、称量、混料。按照设定的制造热压金刚石钻头的工序,先装水口料;然后分别装主工作层混合料和辅助工作层混合料;再装入焊接层金属粉料,最后压上钻头钢体,完成钻头烧结模具组装。

制造复合扇形体孕镶金刚石钻头,采用智能中频电炉进行热压烧结。将组装好的模具置于中频电炉内,通水、通电进行热压烧结。热压工艺参数必须以胎体材料和胎体性能为基本依据考虑设计;不论是图 5-34 中的哪种结构,由于主、辅工作体的材料与性能不相同,设计热压工艺参数时必须加以注意,热压的温度与压力要兼顾两部分的性能与材料组成;烧结温度要设计偏低一些,确保低熔点材料不会流失,温度设计为 935～945℃;采用较高的压力保证胎体的硬度与耐磨性,压力设计为 16～18MPa;保温时间设计为 4.5～5.0min,保温时间段需要一直保压,保温时间到,关闭电源;当炉温冷却至 750℃时即可出炉,出炉后缓慢冷却至室温,脱模,即完成该强-弱组合扇形体金刚石钻头的制造。

三、强-弱组合复合扇形体钻头的效果及分析

与已有钻头结构和性能相比,该强-弱组合复合扇形体金刚石钻头的有益效果体现在以下几个方面。

采用普通金刚石钻头钻进坚硬致密岩石或硅化程度高的岩石时,钻速极低(0.3～0.5m/h)。存在的最大问题是金刚石出刃极差或者根本不能出刃,不能有效切削岩石,以致钻进效率极低,不仅大大增加钻探成本,而且明显延长钻探施工期。要解决钻进难和钻速极低的问题,必须从钻头的结构和钻头的胎体性能两个主要方面着手,根本的解决办法是降低钻头胎体的磨蚀性,金刚石的出刃效果才能从根本上得到改善。

该类型钻头采用了非传统的结构形式,即钻头的扇形工作齿由性能不同和规格不同的主工作齿和辅助工作齿组合而成,或间隔组合而成。主工作齿的硬度和耐磨性较高,是破碎岩石的主体部分;而辅助工作齿的硬度和耐磨性较低,起辅助破碎岩石的作用,同时所消耗

的钻压较小,因此有助于提高主工作齿破碎岩石的效果。

辅助工作齿的底唇面面积较小,硬度和耐磨性低,钻进中消耗钻压较小;所采用的SMD30型金刚石强度较低,其棱角比较突出,有利于切入岩石,产生的岩粉较粗,对于磨损钻头胎体有利,金刚石较易出刃。两者共同作用的结果是提高切削岩石的效果。由此可知其理论依据明显:辅助工作齿中锋利的金刚石较容易切入岩石,切削下来的岩粉颗粒比较粗,对主工作齿胎体会产生良好的磨损效应,有利于主工作齿中的金刚石出刃;辅助工作齿消耗的钻压较小,主工作齿获得压力必然增大,有助于加快胎体磨损,主工作齿的金刚石出刃效果变好,金刚石切入岩石效果变好,钻速必然得到加快。

该类型钻头的水口宽度比普通钻头的水口增加了2~3mm,属于宽型水口,相当于钻头工作齿与孔底岩石的接触面积减少,在所提供的钻压相等的条件下,钻头工作齿上的单位面积压力增大,有助于金刚石出刃和金刚石切入岩石,有利于加快钻速。

该类型钻头实钻效果表明,在钻进坚硬致密或硅化程度高的岩石时,钻速能够达到0.9~1.2m/h,单个钻头的使用寿命能够达到18~24m。在钻进同类岩石时,该类型钻头比普通钻头的钻进效率提高1.5~2.0倍,钻头的使用寿命能够提高1.5~1.8倍,而钻头的制造成本不但没有增加,反而有所降低。本次研发的强-弱组合复合扇形体钻头的优势是明显的。

第九节 磨锐式孕镶金刚石钻头

一、背景技术

进入21世纪以来,我国的地质勘探、深部科学钻探、深部找矿以及地热等新能源勘探与开发工作迅速发展,由此所钻遇的岩层类型多、岩性变化大,在大力推广绳索取芯钻进工艺技术的同时,要求有高时效、长寿命、对岩层适应性好的普适性的金刚石钻头与之配套。否则,发挥不了现代深部绳索取芯钻进的优势,必然会造成施工期限大大延长、钻探成本明显提高的局面。

普通热压金刚石钻头一直存在对岩层的适应性不理想,所钻遇的岩层发生变化后,必然出现钻进效果明显变化,或者钻头磨损快,或者钻头的自锐性能变差、出刃慢等问题;常常遇到硬—坚硬且致密岩石时,出现难以钻进的局面。这些问题或局面常常以不同形式表现出来,在钻探现场难以预测。工程技术人员在钻探现场不得不准备多种性能的钻头,以备随时更换,给施工带来许多麻烦,大大提高了钻探成本。其主要原因在于普通钻头的性能局限性大,对岩层的适应性差。这些问题多年来困扰着钻探工程技术人员,一直没有得到很好的解决,解决它们已成为地质钻探工程领域的当务之急。

二、磨锐式孕镶金刚石钻头设计思路

1. 钻头的基本结构

磨锐式孕镶金刚石钻头的扇形工作体由含金刚石主工作体和不含金刚石圆柱形辅助工

作体组合而成；辅助工作体有规律地分布在钻头扇形体内。该孕镶金刚石钻头专用于钻进硬—坚硬且致密的岩石，或者用于钻进时效较低的场合，具有较好的适应性。

圆柱形辅助工作体按照一定规律在钻头扇形工作体内排列分布，规格为4.0~7.0mm，高度为12~15mm，在扇形工作体中分1~2环排列，每环1~3个，依岩石性质和钻头规格设计与排列分布。

圆柱形辅助工作体胎体中含粒度为50/60目与60/70目混合的优质碳化硅材料或低品级人造金刚石单晶，如图5-36所示；或者圆柱形辅助工作体只含低硬度与低耐磨性的纯胎体；或者完全的空白圆柱体，如图5-37所示。不管是哪种圆柱形工作体，其作用都是降低钻头扇形体的耐磨性，并间接提高主工作体所承受的钻压及自锐性，同时起辅助破碎岩石作用。

如图5-36—图5-38所示结构钻头，圆柱形辅助工作体的硬度及耐磨性与钻头的主工作体实现优化配合，可以获得一系列良好的效果。

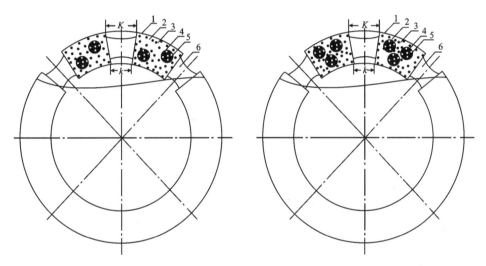

1.钻头扇形体；2.钻头胎体；3.金刚石；4.圆柱形助磨体；5.助磨圆柱体材料；6.钻头水口。

图5-36 磨锐式孕镶金刚石钻头结构形式之一

（1）在金刚石钻头钻进破碎岩石时，圆柱体胎体较容易被磨损，胎体内的低品级磨料易于出刃，有利于破碎岩石。

（2）该磨料具有二次使用效果，即除了辅助破碎岩石外，还可对主工作体的胎体产生磨损，有利于主工作体中的金刚石出刃，提高钻进效率。

（3）相同规格钻头底面上所消耗的钻压较小，更多的钻压可用于主工作体上，有利于主工作体中的金刚石出刃和切入岩石。

如图5-37所示结构钻头，圆柱体内为低耐磨性的脆性材料；相对于图5-36所示结构钻头的耐磨性更低，消耗钻压更小，有利于增大主工作体的钻压，提高钻进效果；圆柱体内主要为碳素等脆性材料，能够超前磨损，有利于钻头胎体冷却；同时，空白圆柱体的磨损较快，消耗钻压小；超前磨损形成的孔穴，可以用来储备岩粉，有利于磨损主工作体。

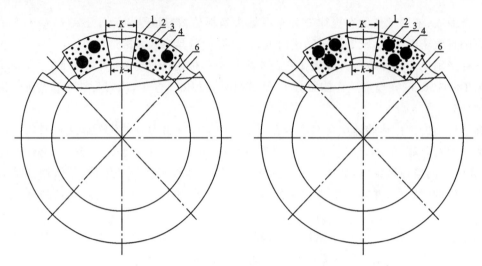

1.钻头扇形体,2.钻头胎体,3.金刚石,4.纯胎体圆柱体,6.钻头水口。

图 5-37 磨锐式孕镶金刚石钻头结构形式之二

图 5-38 所示结构钻头,圆柱体内无胎体材料,属于空白圆柱体,不消耗钻压,钻压全部用于主工作体钻进,有利于提高钻进效果。同时亦具有如图 5-37 所示结构钻头的相同功能。

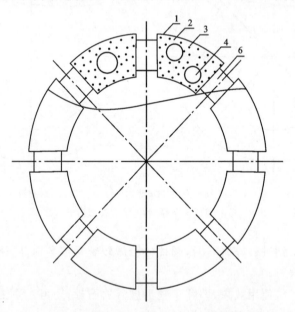

1.钻头扇形体,2.钻头胎体,3.金刚石,4.空心圆柱体,6.钻头水口。

图 5-38 磨锐式孕镶金刚石钻头结构形式之三

圆柱体的规格依据岩石力学性质以及难钻进程度进行设计,越是坚硬致密的岩石,钻进时效越低,圆柱体的规格越大,数量越多。圆柱体的直径一般在 5~8mm 之间,排列方式以 1~2 环为主,每环 1~2 个;不同规格圆柱体可以有不同的组合排列。

2. 钻头的胎体性能

本钻头胎体必须具备好的力学性能,对于图 5-36 中的结构钻头,钻头主工作体胎体硬度(HRC)为 20~25,耐磨性为 250~215mg;圆柱形辅助工作体胎体硬度(HRC)达到 10~12,耐磨性为 290~305mg。

这样的性能配合,既有利于对金刚石实现有效包镶,又有利于金刚石自磨自锐,提高本钻头对岩层的适应性,提高钻进效率并适当兼顾钻头的使用寿命。

上述综合作用的结果是钻头的普适性得到提高,在硬—坚硬的致密岩石中能够很好地兼顾高时效和长寿命。

主工作体胎体成分:WC、FAM-1020、FAM-3010、FJT-A2,其质量百分比分别为 12%~15%、32%~40%、25%~30%、22%~28%,粉末粒度均为 300~320 目,以确保主工作体的力学性能。

圆柱形辅助工作体胎体成分:FJT-A2 与 FAM-2130 预合金粉,其质量百分比分别为 35%~45%、55%~65%,以实现圆柱形辅助工作体对整个钻头的自磨自锐作用与效果。

3. 制造方法

磨锐式孕镶金刚石钻头采用激光选区烧结(selective laser sintering,SLS)技术成型,成型后进行低温、低压调质处理,促使其微裂纹愈合,并调控其性能。激光选区烧结技术有利于实现胎体材料对金刚石有效包镶和金刚石有效出刃,有利于成型结构复杂、性能优良的孕镶金刚石钻头。

采用激光选区烧结磨锐式孕镶金刚石钻头。对于主工作体,激光选区烧结功率为 220~250W,光斑直径为 0.10~0.15mm,铺料厚度为 0.20~0.30mm,扫描间距为 0.15~0.30mm,扫描速度为 550~850mm/s。

对于圆柱形辅助工作体,激光选区烧结功率为 200~220W,光斑直径为 0.10~0.15mm,铺料厚度为 0.25~0.40mm,扫描间距为 0.20~0.35mm,扫描速度为 650~900mm/s。

采用激光选区烧结成型后的磨锐式孕镶金刚石钻头,需要进行后处理,以消除残余应力和微裂纹,提高钻头的整体力学性能,确保 SLS 成型钻头的质量。后处理采用低温、低压烧结方法;后处理工艺参数:温度为 860~890℃,压力为 8~12MPa,保温、保压时间为 3.5~5.0min。

利用激光选区烧结技术成型复杂结构零部件的优势,实现本钻头包含圆柱形辅助工作体的结构,即在钻头扇形工作体中有规律地分布圆柱体,科学设计圆柱体的规格、结构与性能,实现钻头的自磨自锐性能,以提高钻头对岩层的适应性和钻进效率;而采用普通热压方法较难成型该磨锐式结构的孕镶金刚石钻头,难以实现钻头的自磨自锐性能。

将激光选区烧结打印技术用于特殊结构的孕镶金刚石钻头的制造中,通过优化 SLS 成型工艺参数,能够有效实现孕镶金刚石钻头胎体的烧结性能,实现独特的钻头结构和性能,确保钻头的胎体致密、力学性能稳定,对金刚石实现有效包镶的同时,还能够确保金刚石的良好出刃,这是传统的热压方法无法实现的。

激光选区烧结技术不同于激光选区熔化(selective laser melting,SLM)技术。前者为烧结技术,实指激光的温度较低,作用时间较短,铺粉较厚,金属材料没有出现熔化就形成合金,如热压烧结;选用后者则胎体材料受高能激光的作用,金属材料实现了熔化与融合,形成合金材料。前者的硬度与耐磨性与后者相比均低,有助于金刚石出刃,加快钻速。

本磨锐式结构中的圆柱体占钻头扇形工作体有效底面积的20%~25%。这部分的胎体较软,较容易被磨损,钻进工作中消耗钻压小,可以将大部分钻压用于主工作体上,造成钻进比压增大,有利于主工作体磨损,有利于金刚石出刃,加快钻速;同时由于圆柱体的硬度与耐磨性均较低,其中的磨料在出刃破碎岩石后,较容易脱离胎体,但大多数还具有工作能力,将对主工作层胎体产生摩擦磨损作用,有利于主工作体内的金刚石出刃。由此可知,钻进比压增大和金刚石出刃效果提高,其综合作用结果是提高了钻头的钻进效果和对岩石的适应性。

以上多方面综合创新作用的共同结果是有效实现本磨锐式结构钻头的自磨自锐性能,钻进效率高,使用寿命长,特别有利于钻进坚硬致密的岩石,从而解决多年来一直没有解决好的钻探领域的难题。

三、磨锐式孕镶金刚石钻头的有益效果

(1)磨锐式钻头结构新颖、独特,钻头主工作体的性能优良,金刚石的质量好、浓度高,是破碎岩石的主体,钻进效果良好。圆柱体实现了与主工作体的优化配合,是破碎岩石的辅助工作体,同时圆柱体在钻进过程中磨损较快,其中相当部分的金刚石等磨料脱离胎体后还有一定的工作能力,脱离后可以继续对主工作体唇面进行磨损,提高主工作体中金刚石的出刃效果。

圆柱体的胎体硬度和耐磨性低,钻进中消耗钻压小,有效提高了主工作体的钻压,有利于提高钻头的钻进效率。

该类型钻头的结构特点和不同圆柱体的优势,确保实现钻头自磨自锐,具有明显的创新性。

(2)首创采用激光选区烧结(SLS)技术成型孕镶金刚石钻头的方法,SLS成型参数实用、合理。能够实现钻头自锐的圆柱体,其结构科学、性能独特,圆柱体定位准确、精度高、效果明显;同时,能够实现钻头主工作体结构致密、组织均匀,钻头胎体密度达到理论密度的99.1%,且胎体力学性能稳定,这是普通热压等方法所无法实现的。

(3)该类型钻头的胎体原料采用超细预合金粉材料,胎体材料中的铜元素含量很低,且以合金的形式出现,在SLS成型作用与影响下,不会出现铜合金的流失,因此钻头胎体的力学性能稳定,包镶金刚石的牢固程度提高,这是钻头实现高效、长寿命的基础。

(4)采用激光选区烧结(SLS)技术成型磨锐式孕镶金刚石钻头,钻头胎体的力学性能优势明显,普通热压法所获得的胎体主要依靠铜合金的黏结作用实现胎体的整体强度,而铜合金的黏结力有限;SLS技术则是利用高温条件下金属粉末间的融合作用获得钻头整体的机械物理性能,钻头的强度高、力学性能稳定;采用SLS技术成型的胎体中各种材料不是依靠纯铜合金膜的连接作用而固结,钻头胎体与岩石的接触状态与磨蚀机理不相同。这种成型方式改变了钻头胎体与岩石的摩擦磨损状态,改变了金刚石钻头破碎岩石的机理,改变了金

刚石破碎岩石的方式,有利于提高金刚石的出刃和钻头钻进效果。

(5)采用激光选区烧结(SLS)技术成型,不仅完全实现独特的自锐式结构,提高钻头的自磨自锐效果,而且实施了低压、低温后处理工艺技术,实现高致密化钻头胎体性能。这样既能促进胎体金属与金刚石表面的有效融合,以实现对金刚石的强力包镶;胎体材料还能维持金刚石的自锐出刃效果,这些优势是实现钻头普适性和自磨自锐的重要条件。本钻头结构形式之一如图 5-36 所示。

(6)在图 5-36 所示结构的基础上,可以设计一种不带磨料的磨锐式孕镶金刚石钻头,如图 5-37 以及图 5-38 所示的两种类型钻头。这两种磨锐式结构孕镶金刚石钻头中的助磨体不带磨料,或为空白圆柱体,因此其胎体性能有所下降,能够起到与图 5-36 所示钻头相近的效果,性能有所改变,拓宽了本类型钻头的使用范围。

(7)实验室试验与野外钻进试验均表明:该类型钻头与普通钻头相比,钻进效率能够提高 30%~35%,使用寿命延长 18%~22%,钻头能够适应可钻性Ⅵ~Ⅹ级五大类岩石的钻进;特别对于钻进硬—坚硬而致密的、难以钻进的岩石,效果更加明显。

综上所述,该类型钻头结构设计科学、合理,采用先进的 SLS 成型技术,属于原创;钻头的制造精度高,性能稳定,钻头的整体钻进效果良好,是其他技术方法所不能实现的,具有明显的创造性。

第十节 烧结体复合金刚石钻头

一、钻头的特点

烧结体复合金刚石钻头的特点是采用热压烧结方法预制好孕镶金刚石烧结体,其形式如图 5-39 所示。烧结体可以是方柱状,也可以是圆柱状,在胎体中呈二环或三环排列,装模时注意提高内外径部位的耐磨性。烧结体即破碎岩石的主体部分,钻头胎体只起支撑、固定烧结体的作用,同时可以起到辅助破碎岩石的作用。钻头的胎体部分可以是纯胎体材料,

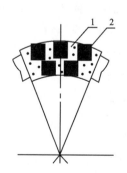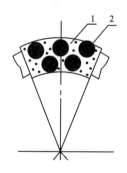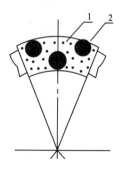

1.钻头胎体;2.烧结体。

图 5-39 烧结体金刚石钻头结构原理

还可以复合较低浓度、中等颗粒金刚石,可以起到辅助破碎岩石的作用;同时平衡钻头胎体的磨损,起到调节钻头适应性的效果,延长该类型钻头的使用寿命。

这种钻头主要用于钻进坚硬致密岩石,可获得较快的钻速。该类钻头的设计要点如下:①金刚石烧结体的硬度与耐磨性较高,以确保钻进效率与钻头的使用寿命;②包镶烧结体的胎体,要能够保证适时磨损,以便于烧结体适时出露和金刚石有效出刃;③确保该钻头的均衡磨损,延长使用寿命。图 5-39 为烧结体金刚石钻头的设计原理图。

二、烧结体金刚石钻头设计

该类型金刚石钻头的结构比较独特,破碎岩石的主体部分为预制好的金刚石孕镶烧结体。为了实现金刚石烧结体的性能和达到预计目标,必须从以下几个方面进行设计研究。

1. 金刚石烧结体设计

金刚石烧结体是该结构钻头的主体部分,其规格与性能直接关系到使用效果。因此,钻头的设计首先是烧结体的规格设计,其次是性能和金刚石的参数设计等。烧结体的性能与其规格有密切的关系,同时与所钻进的岩石有密切关系。

1)烧结体的规格

由于设计的该类型钻头主要针对钻进硬—坚硬的岩石,或适用于钻进时效较低的工况,即要求钻头烧结体中的金刚石具有较好的出刃效果,要求钻进过程中的单位钻压得到提高,钻头胎体中的金刚石出刃条件好。

钻头的每个扇形体的底唇面面积有限,据此设计的柱状体为直径达 5~6mm 的圆柱体或边长达 5~6mm 的方柱状体;柱状体的高为 12~15mm,以延长使用寿命;烧结柱状体面积占钻头扇形体面积的 65%~75%。柱状体在扇形面沿直径方向分二环排列分布,其排列结构如图 5-39 所示。

2)烧结体的性能

依据岩石的性质、烧结体的规格和钻进工况要求,烧结体钻头必须满足钻进效率高的要求,因此,烧结体的硬度和耐磨性不能高。参照钻进坚硬致密岩石的普通热压孕镶金刚石钻头的设计经验,柱状烧结体的胎体硬度(HRC)为 20~25,耐磨性为 214~248mg。

要实现钻头的烧结体胎体性能,其胎体配方可作如下设计:WC 占比为 20%;FMA1020 占比为 28%;FAM-3010 占比为 16%;FJT-06 占比为 14%;FJT-A2 占比为 22%。

3)烧结体中金刚石参数

孕镶烧结体中的金刚石粒度以 40/50 目为主,金刚石浓度设计为 85%~90%,金刚石的品级选择 SMD40,这样,就能够实现柱状体的耐磨性和钻进效果的较好统一。

4)钻头胎体性能

钻头胎体是指包镶烧结体的扇形体。钻头扇形体起着牢固包镶烧结体的作用,与普通金刚石钻头胎体作用相同;同时,该胎体中还复合有浓度较低、粒度适中的金刚石,在钻进中起着辅助破碎岩石的作用,平衡钻头的磨损。胎体中金刚石百分比浓度为 40%~50%,粒度以 50/60 目为主,品级为 SMD30。

钻头胎体要求牢固包镶烧结体,牢固包镶金刚石;要求比烧结体略超前磨损,确保烧结体适时、适量出刃;同时,消耗钻压较小。因此,设计钻头胎体的硬度(HRC)为12～15,耐磨性为307～320mg。

要实现钻头的胎体性能,其胎体材料及其配比可作如下选择与设计:FMA1020占比为30%;FAM-3010占比为16%;FJT-06占比为14%;FJT-A2占比为40%。

2. 制造工艺参数

1)烧结体的制造工艺

考虑烧结体的性能与规格要求,需要在专门设计的模具内进行热压烧结,预制出金刚石柱状烧结体。烧结体的胎体材料与金刚石充分混合后,装入模具进行烧结,烧结工艺参数如下:热压温度为960℃,压力为18MPa,保温、保压时间为6min;850℃时设置一次保温、保压工艺,时间为30s;出炉温度为780℃,出炉后缓慢冷却至室温,脱模。

2)烧结体钻头制造工艺

烧结体金刚石钻头的制造工艺参数,与普通热压金刚石钻头的基本相同。虽然钻头胎体与烧结体胎体的性能不相同,但是烧结体是预制体,不必考虑过多;只需用酒精清洗一次烧结体,即可装模,之后进入热压烧结环节。该热压钻头的工艺参数如下:热压温度为950℃,压力为16MPa,保温、保压时间为5min;850℃时设置一次保温、保压工艺;出炉温度为800℃,出炉后缓慢冷却至室温,脱模,即完成烧结体金刚石钻头的制造。

图5-40为烧结体复合金刚石钻头的外部形貌。

1.金刚石烧结体;2.钻头胎体。

图5-40 烧结体复合金刚石钻头

第十一节　工程勘察用金刚石钻头研究

一、研究开发的目的与意义

工程勘察与地质矿产勘探一样,所遇到的地层多种多样,地层的力学性质差异很大,但又有区别。目前还没有性能良好的、具有普适性的钻头问世,不能很好地解决钻头对地层的适应性问题。结果是钻进效果仍不理想,不是钻进效率低,就是钻头磨耗快;或者钻进效率不高,钻头的损坏却依然很严重,对工程勘察的进程与工程质量产生一定的影响。因此,需要深入分析工程勘察地层的特点,分析工程勘察地层钻进过程中钻头的钻进过程、钻头的磨损形式与磨损状态,研究试验出能有效钻进工程勘察地层的金刚石钻头,满足工程勘察的要求。

工程勘察不完全等同于地质矿产勘探,首先其钻遇的地层条件比较复杂和特殊,既可能遇到不同风化程度的风化岩层、基岩层,还有可能遇到第四纪地层、杂填土层、建筑垃圾层、卵砾石地层等。虽然不可能在一个工程勘察钻孔中同时遇到这些地层,但每一种地层各有不同的钻进要求和钻进难度,其钻进工况复杂且相差较远,对钻头的要求较高。目前还没有哪一类型金刚石钻头能够完全满足工程勘察的钻进要求。

工程勘察钻孔深度较浅,多数在几十米,少数孔深达到 100～200m;钻孔布置的范围不确定,孔距从几米到几十米不等。因此,要求钻机轻便,移动方便,多使用轻型、浅孔 100m 钻机或 200m 钻机。由于浅孔、轻型钻机的加压能力不足,钻进时的回转扭矩较小,对于常采用直径为 75～91mm 口径的钻头钻进,有"不堪重负"的现象。因此,对钻头的质量提出较高的要求。要求钻头出刃效果好,对地层的适应能力强,钻进效率高,使用寿命长。

电镀金刚石钻头有较好的适应性,但存在局限性,使用前期钻头的钻进效果好,随着钻头被磨耗,钻头在中后期的钻进效率逐步下降,同样不能满足工程勘察钻进的要求。同时,电镀方法难以制造非均质、复杂结构的金刚石钻头。电镀金刚石钻头由于制备过程存在一定的环保问题,其产业化已经受到影响或限制。

地质勘探工作量虽然近几年有一定的缩减,但国家的基础设施建设仍在发展,工程勘察的工作量不减反增,对工程勘察用钻头的需求量仍然很大。

因此,必须研制出对工程勘察地层适应性好、钻进效率高、使用寿命长的金刚石钻头,满足工程勘察施工的需要,降低工程勘察成本,为基础工程建设作贡献。

二、研究方法

(1)首先分析、研究工程勘察地层的特点。工程勘察所面对的是地质条件比较复杂的情况,有不同风化程度的岩石层,其硬度与研磨性差别很大;有含不同直径与胶结性的卵砾石的地层,大的卵砾石直径达到几十厘米,小则只有几厘米;有含建筑垃圾、废弃物等生活垃圾的杂填土层;有第四纪地层;等等。虽然所遇地层的硬度不高,研磨性普遍不很强,钻进难度却较大,容易产生蹩钻、卡钻、糊钻等现象;钻进过程中动载荷大,对钻头的破坏性大;同时岩芯的采取难度较大。因此,要求钻头具有较好的适应性,钻进效率高,岩芯采取率高,钻头的使用寿命长。

(2)抓住工程勘察地层类型多、地层性质复杂的特点,同时考虑工程勘察钻机的加压能力低、钻机扭矩小的性能特点,研究钻头在工程勘察地层中的钻进过程与特点,主要从钻头胎体性能、胎体材料及其配比、金刚石参数等方面进行深入研究试验,从而获得工程勘察地层对钻头的性能要求,即采用何种性能的胎体最合理,钻头结构参数最科学,钻进效果最好。

(3)对不同性质的工程勘察地层进行钻进试验与研究分析,找出钻进工程勘察地层的规律,探索适应性好的钻头结构型式与结构参数,以提高钻头钻进不同工程勘察地层时的适应性和钻进效率,延长钻头使用寿命。

(4)研究提高钻头的适应性必须研究钻头的胎体性能,即研究胎体材料的组成成分及其配比。依据以往的经验,混料回归试验设计方法是先进且可靠的方法,它摒弃了传统方法中凭经验设计的方法,或盲目增减金属胎体材料种类与配比的方法。混料回归试验设计方法能缩短试验周期,确保实现钻头的设计性能。

(5)将钻头的胎体性能和钻头的结构结合起来进行综合试验与研究,调整钻头胎体性能和钻头结构参数,并优化热压钻头的工艺参数,使得钻头的综合性能得到进一步的提高,然后试制野外试验用的钻头,进行工程勘察现场钻进试验。

(6)对经过工程勘察现场试验的钻头进行分析评价,内容包括胎体性能是否合理、钻头的结构是否可行、保径规能否满足要求;找出仍显不足的地方,在钻头研究试验中进一步完善,实现工程勘察金刚石钻头的产业化。

三、工程勘察用钻头结构研究

钻头结构的重要性在于其能够改变钻头破碎岩石的方式,提高破碎岩石的效果和对地层的适应性。钻头的结构包括钻头扇形工作体的形状与结构参数,包括钻头底唇面形状、工作层内部的结构型式及其结构参数,钻头的保径规结构与钻头的水路系统等,其中重点是钻头扇形工作体的结构。

本项目试验研究一种新型复合型结构的热压金刚石钻头,力争在钻进工程勘察地层方面有所突破。由于工程勘察地层的性质与构造比较复杂,不能沿用普通钻头设计方法,仅仅依靠改善钻头胎体性能解决钻进难的问题,而必须配合钻头的合理结构,才能有效完成工程勘察工作。钻头的结构如图 5-41 所示。

针对图 5-41(a)所示结构,以 S1 表示扇形柱状工作体并表示其横截面积,以 S2 表示扇形梯形辅助工作体。设计思路如下:S1 扇形柱状体作为主工作体,它的硬度和耐磨性高,是破碎岩石的主体;而 S2 扇形梯状体作为辅助工作体,它的硬度和耐磨性较低,起着支撑 S1 主工作体和辅助破碎岩石的作用。由 S1 与 S2 共同组合成钻头的一个完整的扇形工作体。

该钻头的扇形柱状工作体(S1 部分)的硬度和耐磨性高,S1 与 S2 截面积之比调整范围为 1∶1.5～2,与聚晶金刚石复合片(polycrystalline diamonel compaot,PDC)的结构和规格比较接近。钻进过程中破碎岩石方式与复合片钻头破碎岩石方式十分相似,钻进比压较大,钻进效率较高。而扇形梯形辅助工作体(S2 部分)硬度与耐磨性均较低,可以起到支撑主工作体 S_1 的作用,起着辅助和间接破碎岩石的作用。因此,该类型钻头能够发挥复合片钻头和孕镶金刚石钻头的双重破碎岩石作用,在获得好的钻进效果的同时解决了工程勘察钻机加压能力不足的问题。

图 5-41(b)所示结构是本研究中另一种新型钻头结构,其设计思路与图 5-41(a)基本相同,在第二轮研究试验中得到试验。试验表明,这种结构的钻头有两个优点:一是小砾石不会卡在钻头水口中,影响钻进效果;二是钻头的运转更加平稳,S2 破碎岩石的作用更明显一些,对复杂地层的适应性较好,钻进综合指标更好。两种结构各有优势,可以用于不同的工程勘察地层和工况,具有互补性。

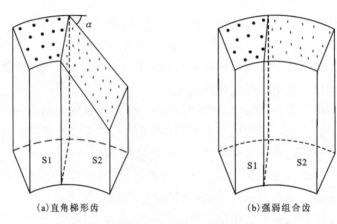

(a)直角梯形齿   (b)强弱组合齿

图 5-41　工程勘察用钻头结构型式设计示意图

金刚石钻头的结构设计还包括钻头的保径规的结构设计,本次设计中采用强化的保径方法,即聚晶体加上粗粒人造金刚石全高度保径方法。采用这种保径层的结构,保径效果更好,钻头工作时平稳,钻头的钻速和使用寿命能够获得好的均衡,不会因为钻头保径不好而影响钻头的使用寿命。

四、工程勘察用钻头胎体性能研究

依据工程勘察地层的特点以及对工程勘察钻头的使用和钻头设计经验,中期试验时胎体性能以硬度(HRC)为 25~30 和耐磨性为 176~215mg(采用 MPx-2000 型摩擦磨损试验机测试)比较合理,适应性比较好。采用预合金粉作为胎体的基础材料,在第一、第二轮试验研究的基础上,对预合金粉 FAM-1020、FAM-2120、FJT-A2 和 WC 4 类胎体材料的配比作了适当调整与完善,以 FAM-1020 占 32%、FAM-2120 占 13%、FJT-A2 占 17%、WC 占 38%作为工程勘察钻头的主工作体胎体配方。试制钻头的热压工艺参数如下:温度为 940℃,压力为 18MPa,保温时间为 5.5min,出炉温度为 780℃。对试验钻头进行检测,钻头胎体性能有了提高。测试结果显示,胎体硬度(HRC)为 30.2,耐磨性为 180mg。

钻头的辅助工作体性能与主工作体性能有一个合理的配合。依据钻头主、辅工作体的平衡磨损要求,辅助工作体胎体的硬度(HRC)为15～20,耐磨性为247～288mg,野外工程勘察钻进试验表明这种配合是合理的。其设计研究方法与主工作体相同,其胎体材料配方如下:预合金粉 FAM-1020 占 35%,FAM-2120 占 30%,FJT-A2 占 20%,WC 占 15%。胎体性能测试结果:辅助工作体胎体的硬度(HRC)为18.6,耐磨性为260mg。

工程勘察钻头的野外钻探试验表明,试验研究的工程勘察钻头的主、辅工作体的性能基本相适应,胎体磨损基本平衡,基本达到了设计目的。

五、金刚石参数设计

金刚石参数指金刚石的品级、粒度、强度等。依据工程勘察地层的特点,金刚石的品级一般采用 SMD40 和 SMD30,其中 SMD40 品级的金刚石用于主工作体 S1 中,SMD30 品级的金刚石用于辅助工作体 S2 中。

依据工程勘察地层变化大的特征,金刚石以 40/50 目为主,以加快钻速,适当加入 20%～25% 的粒度为 60/70 目金刚石,以提高钻头的耐磨性,延长使用寿命。在 S1 主工作体中采用 40/50 目金刚石,质量百分比为 75%～80%,60/70 金刚石占 20%～25%;S2 辅助工作体中全部采用 40/50 目金刚石。

钻头的金刚石百分比浓度在 75%～90% 之间,其中 S1 主工作体中金刚石的百分比浓度为 90%,S2 辅助工作体中金刚石的百分比浓度为 75%。

六、钻头的制造工艺参数

在钻头结构、钻头的胎体性能和金刚石参数设计研究完成后,钻头的制造工艺参数设计研究就是最后一道确保钻头质量的屏障。虽然试验前期有了混料回归试验设计的基础,还需要进一步试验研究热压工艺参数对胎体性能的影响规律,最终优化热压工艺参数,确保钻头的性能和质量。

热压工艺参数包括温度、压力、升温速度与保温时间、出炉温度和出炉后的冷却环境,这些都与钻头的质量密切相关。

热压温度参数依据钻头胎体配方及其性能研究确定,胎体的成分及其配比是基本依据之一,它是确保胎体性能的基本条件。这里必须注意,工程勘察钻头的每个扇形工作体都由两部分组成,一部分是主工作体,另一部分是辅助工作体,这两部分胎体的组成成分不同,其硬度、耐磨性等性能有明显差距,金刚石参数也有差距。因此如何设计热压工艺参数,如何兼顾两者的基本条件,是一个十分重要的问题。经过多次试验研究,最终确定热压工艺参数如下:温度为945℃,压力为18MPa,保温时间为5.0min,850℃时设一次中间保温、保压,时间为30s,出炉温度为780℃,出炉后缓慢冷却至室温,脱模。

七、研制钻头

按照上述的设计,研制出与设计图 5-41 中的结构相对应的两种钻进工程勘察地层的金刚石钻头,所研制的两种结构钻头的外部形貌如图 5-42 所示。

S1 主工作体材料成分在前期试验基础上稍作了调整:FAM-1020 占 30%,FAM-2120

占15%，FJT-A2占20%，WC占35%。金刚石参数：40/50目占75%，60/70目占25%，品级为SMD40，百分比浓度为90%。

S2辅助工作体材料成分：FAM-1020占35%、FAM-2120占30%、FJT-A2占23%，WC占12%。金刚石参数：全部采用40/50目，品级为MBD30，百分比浓度为75%。

钻头结构参数：S1与S2的横截面积比为1:2，水口宽度分别为6mm和8mm，工作层高12mm。

钻头的制造工艺参数：热压温度为945℃，压力为18MPa，保温时间为4.0min，出炉温度为780℃，出炉后在保温条件下缓慢冷却。

(a) 分层复合型钻头　　　　(b) 分层直角梯形齿钻头

图5-42　工程勘察用钻头外部形貌

八、解决的关键技术和创新点

1. 关键技术

(1) 研制工程勘察用金刚石钻头以结构为主要研究内容之一，其设计思路是把孕镶金刚石钻头和复合片钻头设计思路结合起来，集孕镶金刚石钻头和复合片钻头的优势于一身，优化结构参数是该项研究成功的关键。

(2) 采用预合金粉作为钻头胎体材料，研究预合金粉的类型、组成及其含量比，确保钻头胎体的力学性能；研究预合金粉胎体与金刚石表面在热压条件下的交互作用机理，使金刚石获得最有效的包镶。

(3) 钻头质量不是单个因素所能决定的，由于钻头的结构参数受胎体性能的影响，因此，必须把钻头胎体性能与钻头结构参数结合起来。只有建立胎体性能与钻头结构之间的优化关系，才能提高工程勘察用金刚石钻头的钻进效果和普适性。

2. 创新点

(1) 把孕镶金刚石钻头的性能优势与复合片钻头的特点结合起来,设计了一种新型结构的热压金刚石钻头。该类型钻头既具有孕镶金刚石钻头对工程勘察地层适应性好的特点,又具有复合片钻头高效破碎岩石的特征,钻头在工程勘察中具有好的普适性,有利于在地层较复杂的工程勘察地层中获得好的钻进效果。

(2) 钻头结构具有创新性。该钻头由两部分组合而成,即由扇形柱状体 S1 与扇形梯形体 S2 组合而成。S1 是破碎岩石的主体,S2 起着支撑 S1 和辅助破碎岩石的作用;S1 与 S2 的横截面积之比为 1:(2~3),工作体的高度为 10~14mm,这种结构有利于提高钻头在工程勘察中的普适性和钻进效果。

(3) 研究了两种结构的工程勘察用金刚石钻头,结果显示两种结构各有优势,具有互补作用。通过调整 S1 主工作体与 S2 辅助工作体的比例,可调整钻头的结构参数,实现提高钻头性能和钻进效果的目的,以满足特殊地层钻进的需要。

(4) 扇形梯形工作体 S2 中的梯形角 α 用于调节钻头性能,可以改变钻头的锋利程度或耐磨性,以满足工程勘察钻进的需要。当调整角度 α 变为零时,图 5-41(a) 的结构型式就变成图 5-41(b) 的结构型式。

第六章　超常压力热压金刚石钻头研究

常规热压方法制备的金刚石钻头存在诸多不足,主要由于热压金刚石钻头的胎体材料多采用单质金属粉,与之配合的热压参数偏低,难以提升热压金刚石钻头的质量。试验结果表明,改变热压温度与提高烧结压力可以有效提高孕镶金刚石钻头的力学性能。针对超常压力方法的特点,作者设计了专用的预合金粉胎体材料体系进行热压试验,并对试样进行硬度、耐磨性与实际密度测试。试验结果表明,相较于普通热压试样而言,超常压力烧结试样的硬度均得到提高,致密度得到提升。野外钻进试验结果表明,超常压力钻头与普通热压钻头的钻进时效基本持平,使用寿命普遍获得延长。超常压力方法具有明显的优势,可以兼顾高效与长寿命的钻进效果,为研究高性能的孕镶金刚石钻头打下良好的基础。

第一节　超常压力的理论基础

一、超常热压分析

热压方法是我国制造孕镶金刚石钻头的主要方法,钻头胎体材料多采用铁、镍、锰、钴等单质金属粉以及骨架材料 WC 与 YG8,必须配合较高含量的黏结金属铜合金粉材料。该类型胎体材料中各成分的物理力学性质相差很大,在传统观念和设计思路的影响、束缚下,所设计的与之相配合的热压温度与压力参数偏低,温度在 940~980℃之间,压力在 14~16MPa 之间,所能达到的胎体力学性能必然有限,钻进硬—坚硬岩层和硬、脆、碎岩层,钻头的钻进时效不高,钻头的使用寿命较短;金刚石钻头的质量和普适性一直停留在不理想的水平上。

无压浸渍方法制造孕镶金刚石钻头,制造过程中只加温烧结,不加压力,因此钻头胎体的致密性和力学性能受到制约,硬度与耐磨性较低;钻头在钻进研磨性岩层和非均质岩层以及硬、脆、碎岩层时的钻进效果较差;有时钻速虽然较快,但钻头的使用寿命却很短。

电镀质制造的金刚石钻头的特点明显,有利的方面是钻头的钻速较快,对岩石的适应性较好;不利的方面是胎体中针孔多,孔隙度大,特别是保径效果较差,明显地缩短了钻头的使用寿命,降低了对钻进工况的适应性。

每一种孕镶金刚石钻头的制造方法都有其长处,制造出的孕镶金刚石钻头各具特色,但均难以实现高效、长寿命的钻进目标。不同的制造方法和工艺参数,必须与优化配合的胎体材料体系相结合,才能收到预期的良好效果。作者通过前期的试验发现,提高热压的温度和压力,钻头胎体的硬度和耐磨性有明显提高。因此,作者试验研究一种超常压力方法制造孕镶金刚石钻头,同时设计与之相适应的胎体材料体系,突破多少年来的习惯思维,改进了制造钻头的工艺参数,使孕镶金刚石钻头的质量出现一次明显的提升。

所谓超常压力方法,就是热压参数中的温度与压力均超出普通热压的工艺参数规范,即温度超过普通热压的最高温度值(960℃),可达980℃或更高;压力超过普通热压工艺的最高压力值(16MPa),可达20MPa或更高。

超常压力方法是普通热压方法的发展,超常压力方法必须配合优选的超细预合金材料作胎体材料体系。超细预合金粉中纯铜合金粉含量很低,大部分预合金粉由铁、镍、锰、钴等金属粉与铜粉组合而成,配合WC或W_2C、YG8或YG12作为骨架材料组成胎体材料体系。在超常压力作用下,预合金粉之间以及预合金粉与金刚石之间可以实现高温、高压下的交互作用和有效融合;加强了金属粉的塑性变形,粉末颗粒发生不同程度的破碎,加速粉末颗粒相对滑动、体积扩散以及流动变形;与此同时,胎体材料中孔隙进一步圆化,孔隙度进一步降低,有效加速了金刚石钻头胎体致密化进程;钻头胎体的力学性能得到大幅度提升,制备高硬度、高耐磨性的孕镶金刚石钻头得以实现。

不含铜合金粉的胎体,在超常压力条件下可实现"固相"烧结,其胎体性能与含铜合金粉胎体的主要区别在于,胎体与岩石间的摩擦系数得到提高,钻头胎体的磨损机制发生了变化,金刚石钻头破碎岩石的方式得到了改变,不仅胎体包镶金刚石的强度高,而且胎体能够超前金刚石磨损,有利于金刚石适时、适量、有效出刃。

第二节 超常压力提高热压钻头性能研究

我国的地质勘探、页岩气等新能源勘探和地热勘探工作迅速发展,钻孔深度大,钻遇的岩石可钻性级别高、岩性复杂,需要高性能的金刚石钻头来适应这种变化。特别是深部岩层的硬度高、研磨性强,钻头磨耗快,换钻头的频率较高,提下钻次数明显增加,造成钻探施工成本高;同时,钻头的使用寿命和钻进时效很难同时兼顾。前期的研究与实践表明,金刚石钻头的性能及质量与制造钻头的工艺方法密切相关,并与钻头的胎体材料体系和制造工艺参数是否优化配合密切相关。因此,从钻头的制造方法、工艺参数以及密切配合胎体材料体系角度进行研究试验,是一条提高孕镶金刚石钻头质量和提升钻头对岩层适应性的切实可行途径。

一、超常压力钻头的胎体性能

1. 胎体材料优选

采用超常压力制造孕镶金刚石钻头,引起了制造工艺参数的较大改变,由此必定引起钻头胎体材料体系的改变,必须重新设计胎体的材料体系,把超常压力工艺参数和胎体材料新体系及胎体材料的优化组合密切结合起来进行试验研究。首先,胎体材料基本不用单纯的铜-锡等合金材料,只加入铁、镍、锰、钴等不同组合的预合金粉以及铁、钴、镍、锰等金属与一定量的铜组合的预合金粉材料,配合 WC、YG8 或 YG12 作为胎体骨架材料。这样,才能确保在超常压力条件下,不存在黏结金属的流失,胎体成分及配比不会发生改变,金刚石钻头的性能不会随之产生变化,确保了设计配方的完整性和胎体包镶金刚石所必需的力学性能。因此在超常热压条件下,孕镶金刚石钻头的胎体材料体系要重新设计和试验。

由上述分析可知,胎体材料全部采用硬质性的预合金粉黏结材料,如 FAM-1020、FAM-1012、FAM-2120、FAM-3010、FeCuMn、FeCuNi、FJT-A2、FJT-06 等,配合部分 WC、YG8 或 YG12 骨架材料,这是近几年试验研究和推广应用的胎体材料体系。在这种材料体系条件下进行优化组合,试验研究超常压力孕镶金刚石钻头。据此,选择了 3 种对岩层适应性好的常用预合金粉胎体配方,供本次试验研究。试验胎体配方如表 6-1 所示。

表 6-1 金刚石钻头的预合金粉胎体配方

配方	成分及含量					理论密度/(g·cm^{-3})
	FAM-1020	FAM-1012	FAM-3010	FJT-06	YG-8	
PF-1	40%	17%	15%	20%	8%	8.05
PF-2	38%	16%	14%	18%	14%	8.11
PF-3	36%	15%	13%	16%	20%	8.58

二、普通热压钻头性能

按照表 6-1 中的预合金粉配方进行普通热压烧结试验,主要目的是认识该材料体系的物理力学性质,并将试验结果与超常压力钻头的性能进行对比。普通热压烧结工艺参数:温度为 940~965℃,压力为 15~17MPa,保温-保压时间为 4.0~5.0min,如表 6-2 所示。

表 6-2 普通热压烧结工艺参数

配方	参数				
	温度/℃	升温速度/(℃·min^{-1})	压力/MPa	800℃时保温时间/s	保温-保压时间/min
PF-1	945	95	15	30	4.0
PF-2	955	100	16	30	4.5
PF-3	965	105	17	30	5.0

采用普通热压方法烧结试样,试件规格为 $\phi 42/\phi 16$mm,厚 8mm;每种配方烧结 2 个试件,共制得 6 个试件。对该 6 个试件的硬度、耐磨性与实际密度进行检测,记录检测的硬度与耐磨性的平均值,便于与超常热压钻头性能进行对比分析。普通热压试件外貌如图 6-1(a) 所示。

(a)普通热压试件外貌

(b)超常热压试件外貌

图 6-1 普通热压与超常热压试件形貌

第三节 超常压力的试验研究

采用超常压力制造孕镶金刚石钻头,按设计好的配方将准备好的钻头胎体材料装模后,送入热压炉内进行无压烧结,当温度介于 930~940℃时,保温 3.0~4.0min,自动转入超常压力程序。超常压力条件下设定温度为 1010~1080℃,压力为 20~25MPa,保温、保压时间为 7~9min;保温、保压后随炉冷却至 720~780℃,出炉,继续冷却至室温,制成超常压力孕镶金刚石钻头。

无压烧结具有下述优势:①提高了金属粉末的活性,可实现预氧化烧结,实现胎体材料间的交互融合;②在烧结后期,可实现胎体中的孔隙圆化或闭合,胎体具有较好的力学性能,胎体对金刚石可以实现良好包镶;③由于没有压力的作用,混合均匀的胎体粉料在烧结过程中呈自由烧结状态,各种粉料颗粒间不会发生明显错位和迁移,保持了胎体材料的均匀性;④无压烧结的金刚石钻头的规格标准、精度高。无压烧结后接着转入超常热压工艺程序,较高的温度能够提高金属材料分子间的相对活性,加速体积扩散;超常压力能够加快金属间的相对滑动、金属材料颗粒破碎和塑性变形,加速胎体致密化进程。在温度和压力两个参数中,温度起着基础作用。通过较高温度与超常压力的优化设计,其效果更加明显。

超常压力制造孕镶金刚石钻头涉及以下几个方面的试验研究:胎体材料体系优化设计,无压烧结工艺参数以及超常压力下的热压工艺参数的设计研究。超常压力制造孕镶金刚石钻头,先采用无压烧结方法进行预烧结,无压烧结程序完成后随即转入超常压力热压程序。

一、超常压力坯体试验

为了获得超常热压金刚石钻头的良好性能与热压工艺参数间的影响关系,先进行了超常热压坯体试件试验。坯体试件同样采用表6-1中的胎体材料配方,每种配方试验两个试件。试件规格与上述普通热压试件相同,共6个试件。按照表6-3中的试验工艺参数先进行无压烧结。

无压烧结工艺参数:先升温至800℃,保温30s;而后升温至940~965℃,保温时间设定为3.0~4.0min;保温后随炉冷却至650~700℃,无压烧结程序完成。无压烧结完成后即转入超常热压程序,保温、保压后随炉冷却至720~780℃出炉,继续冷却至室温,完成金刚石钻头坯体试制。超常热压坯体试件外貌见图6-1(b)。对试件进行了硬度与耐磨性测试,测试结果取平均值列入图6-2中,对比分析后,获得了胎体材料的性能以及合理配合的超常压力工艺参数,用以指导超常压力孕镶金刚石钻头的研制。

无压烧结达到设计目标后,可以按照表6-1中的胎体材料配方和表6-3中的超常压力工艺参数制造热压孕镶金刚石钻头。

表6-3 超常压力烧结工艺参数

配方	820℃保温时间/s	无压终温/℃	无压保温时间/min	转程温度/℃	温度/℃	压力/MPa	保温、保压时间/min
PF-1	30	940	3.0	650	990	20	8.0
PF-2	30	960	3.5	670	1010	24	8.5
PF-3	30	980	4.0	700	1030	28	9.0

注:转程温度即由无压烧结转入超常压力热压时的温度。

通过对普通热压和超常压力热压试件性能的对比,由图6-2可知,超常压力热压试件的硬度(HRC)比普通热压试件的硬度(HRC)平均提高了1.8,磨损量下降了约8.6mg。胎体的实际密度能很好地反映胎体的耐磨性和包镶金刚石的强度,它比硬度更具有实用性,同时,比耐磨性更具有可操作性。

使用DA-300PM密度测试仪对3种配方试件的密度进行检测,超常热压试件的平均密度分别为7.82g/cm^3、7.91g/cm^3、8.39g/cm^3,而普通热压试件的平均密度分别为7.74g/cm^3、7.81g/cm^3、8.27g/cm^3,两者相比,超常压力热压试件平均密度提高的幅度分别为1.0%、1.3%和1.5%,平均提高约1.26%。

由于胎体硬度、耐磨性及密度等性能的提高,胎体包镶金刚石的强度必然得到提高,超常热压金刚石钻头的钻进效果随之提高。由此可知,超常压力方法具有明显的优势,而且超常压力参数中的温度与压力还有一定的提升空间,因此,本试验的孕镶金刚石钻头具有很好的开发应用前景。

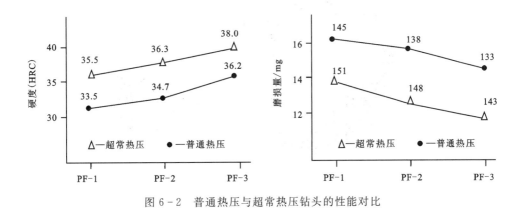

图 6-2 普通热压与超常热压钻头的性能对比

三、超常压力金刚石钻头试制与试验

采用表 6-1 所示胎体材料配方和表 6-3 所示试验工艺参数,试制了三个超常压力热压孕镶金刚石钻头。钻头的金刚石粒度全部为 40/45 目,浓度为 90%。钻头的工作层高 12mm。对孕镶金刚石钻头进行了野外钻进试验,在可钻性为Ⅷ级的石英闪长岩中钻进,平均时效达到 1.82m/h,钻头平均钻进了 79.8m;与在同矿区使用的普通热压金刚石钻头相比较,时效基本相当,试验钻头的平均使用寿命提高约 14.4m/个,提高幅度约为 22%,如表 6-4 所示。本次试验钻头的钻速平稳,磨损正常,详情见图 6-3。

表 6-4 普通热压钻头与超常热压钻头的野外钻进效果对比

类型	指标				
	平均钻进时间/h	平均进尺/m	平均时效/(m·h^{-1})	钻进时效比较	使用寿命比较
普通热压钻头	34.6	65.4	1.89	普通热压钻头高:0.07m/h	超常热压钻头高:14.4m/个
超常热压钻头	43.8	79.8	1.82		

对从野外取回钻头的磨损、金刚石出刃与包镶状态进行了检测分析,磨损后的孕镶金刚石钻头如图 6-3 所示。经过基恩士 VK-100 三维激光共聚焦显微镜检测分析,金刚石出刃值达到粒径的 1/3~3/5,金刚石的尾部支撑明显,说明金刚石包镶牢固;金刚石的搭接高度合理,能够实现稳定的钻进;金刚石晶型完整,未见明显破损和热腐蚀现象,表明金刚石没有明显受到超常压力工艺参数的影响(图 6-4)。

在超常压力热压条件下,优选的胎体超细预合金粉材料可以实现固相烧结,金属粉末之间以及金属粉末与金刚石之间可以实现高度交互作用和融合,钻头胎体的组织结构均匀,致

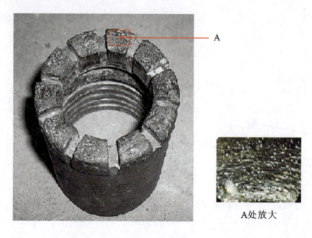

图 6-3　钻头磨损与金刚石出刃情况

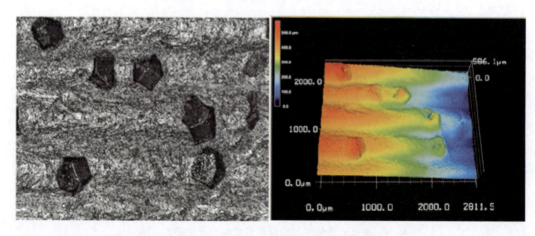

图 6-4　PF-3 钻头中的金刚石包镶与出刃情况检测

密度高。经张力环仪器测试，钻头胎体包镶金刚石的强度比普通热压金刚石钻头包镶金刚石的强度提高约 31%。

本试验研究的超常压力热压孕镶金刚石钻头，属于高硬度、高耐磨性的孕镶金刚石钻头，由于胎体材料中不含 Cu-Sn、Cu-Sn-Zn 合金等软质黏结材料，不仅钻头胎体包镶金刚石的机理发生了变化，而且胎体与岩石之间的摩擦系数有所提高，胎体与岩石间的摩擦磨损机理发生了质的变化，金刚石破碎岩石的机制和方式发生了改变；胎体的硬度虽然得到提高，却可以实现金刚石钻头胎体略超前金刚石磨损，确保金刚石的适时、有效和较高的出刃，因而，钻速快且钻进稳定。同时金刚石没有出现掉粒和破损的现象，钻头的使用寿命长。钻头胎体的磨损与出刃情况见图 6-3、图 6-4，钻头磨损正常且磨损均匀。所试验的金刚石钻头的这些性能是普通热压方法和无压浸渍方法制造的孕镶金刚石钻头所不能达到的。

三、结论

经过试验研究，得出以下结论。

(1) 超常压力方法是基于普通热压方法存在的不足发展而来,超常压力工艺改变了制造孕镶金刚石钻头的基本认知。先无压烧结,有利于形成结构均匀的钻头胎体组织;之后超常压力有利于大幅度提高钻头胎体的致密度和力学性能,钻头胎体的密度平均提高 1.26%,硬度(HRC)提高 1.8,磨损量下降 2.1mg。

(2) 实践表明,在超常压力条件下胎体材料与金刚石能够实现有效融合,不仅包镶金刚石的强度高,而且金刚石出刃高、出刃好,金刚石搭接合理,能够兼顾高时效和长寿命的钻进效果。

(3) 超常压力方法必须设计专用的无铜-锡-锌合金粉的胎体材料体系,所形成的胎体性能独特,钻进过程中展现了不同于一般钻头的摩擦磨损机理和金刚石破碎岩石的方式,金刚石能够充分发挥作用,钻头的平均使用寿命提高 22%。

(4) 超常压力方法试验研究时间仅二年多,超常压力参数还需要进一步优化,与之相配合的胎体材料体系,还有待进一步深入试验研究,以趋完善。

第七章 电镀金刚石钻头新工艺

第一节 电镀镍基金刚石钻头

一、前言

目前,国内外生产金刚石钻头常使用的方法是粉末冶金热压法、无压法和电镀法,而国内最普遍使用的方法是热压法和电镀法。热压法生产钻头的效率较高,性能可调范围较广,适应地层的能力较强,内外径规格比较规范,保径效果良好,因而被广泛采用。但热压法毕竟是在高温下热压烧结,对金刚石存在不同程度的不良影响;而电镀金刚石钻头在钻进许多地层时具有钻进效率高、适应地层能力较强等优势。制备电镀金刚石钻头多在35℃左右的镀液中进行,因而不会对金刚石造成任何热损伤。国内钻探生产数据表明,电镀金刚石钻头占据国内约15%的市场份额。同时,作为不同的生产方法,热压法与电镀法有较好的互补性,因而应该加强对电镀法的研究与推广应用。

电镀法有一个较大的优点,就是可以制造形状复杂的钻头和薄板形的金刚石工具,这是热压法不易实现的。因而,研究和开发电镀法,可以增强企业生产金刚石钻头和其他金刚石制品的能力,增强公司的竞争实力。

电镀法生产的金刚石钻头存在两点不足。首先,钻头的保径效果稍差,因此,对于深部钻探和绳索取芯钻探的适应性稍差,这是研究中应该重视和加强的地方。其次,电镀金刚石钻头的周期较长,目前,电镀金刚石钻头的周期一般在10天左右。

分析国内电镀金刚石钻头资料可知,电镀金刚石钻头几乎无一例外地都采用镍基合金作为胎体材料,例如镍-钴合金、镍-锰合金等。这是因为:

(1)电镀镍基合金已有成熟的工艺可以借鉴,无须花太多的精力与财力去研发电镀液配方和电镀工艺技术。

(2)镍-钴或镍-锰合金对金刚石有很好的亲和性,能对金刚石形成较高强度的黏结力,牢固包镶金刚石,钻进中未发现金刚石掉粒的现象。

(3)镍-钴或镍-锰合金具有较高的硬度、耐磨性、韧性和抗压强度,有很好的综合机械性能,能满足钻探的复杂工艺条件与要求,能有效地保证金刚石钻头正常钻进。

因而,选择镍基合金作为电镀金刚石钻头的胎体材料几乎是业内人士的一致看法。镍基合金主要指 Ni-Co 合金、Ni-Mn 合金、Ni-Fe 合金以及 Ni-Co-Mn 三元合金等。不同的合金有不同的硬度和耐磨性，可以满足不同地层的钻进要求。其中，Ni-Co 合金钻头对岩石的适应性最好，得到广泛的应用，但成本较高，镀液的成分稍难控制。可以采用 Ni-Mn 合金作为镀液成分和钻头胎体材料，镀液的性能稳定、成本较低，镀液易于调控。由此可以看出，采用电镀法生产的金刚石钻头具有很好的性能，能满足钻进大部分岩层的要求。

纯镍电镀技术与镍基合金电镀技术，如镍-钴合金电镀、镍-锰合金电镀、镍-铁合金电镀、铵盐镍基合金电镀以及锡-镍合金电镀技术都大同小异，只要掌握了纯镍电镀技术将其转化很容易实现。因此，掌握好纯镍电镀液配方以及工艺参数，显得十分重要。

二、电镀金刚石钻头常用电镀液

电镀金刚石钻头的镀液配方可以有多种，但都是以镍基为主，主要是由于镍金属以及镍-钴等合金的物理机械性能较好，能够满足钻探的受力需求；与金刚石的亲和性好，包镶金刚石强度高，胎体能够超前金刚石磨损，金刚石的出刃效果好。常采用的配方有镍-钴电镀液、镍-锰电镀液等。镍-钴电镀液是制造金刚石钻头最好的胎体材料，镍与钴的性质十分相近，镍-钴合金的力学性能优良，与金刚石的亲和性好，不仅包镶金刚石的强度高，金刚石的出刃效果也比较理想，完全能够满足钻探工艺的要求；加上镀层中不可避免地存在氢气泡造成的针孔，其耐磨性有所下降，因而钻进时效较高，对岩石的适应性较好。因此，电镀法制造金刚石钻头为我国独创的一种制造金刚石钻头的方法，得到了广泛的应用。

在电镀金刚石钻头采用镍-钴镀液配方的同时，人们还研究了镍-锰电镀液配方与工艺，电镀液中锰金属的含量很低，但起的作用却较大；镍-锰电镀液比镍-钴电镀液的成本低，电镀液成分较简单，电镀液性能比较稳定，形成的胎体硬度较高，包镶金刚石状态好，因此，其耐磨性有了提高。镍-锰合金的硬度和耐磨性较高，是因为诱导作用使得锰金属能够与镍金属共沉积，但是电镀工艺参数要严格控制。

采用镍-钴电镀液时有一个很重要的问题应该引起重视。在使用镍-钴电镀液的过程中，电镀参数若控制不好，钴离子的沉积速度将会大于镍离子，也就是说随着电镀的进行，电镀液中钴离子消耗得比较快，离子浓度会越来越低；加之电镀过程中并没有挂钴金属板或挂镍-钴合金板作为阳极，这样，电镀过程中钴离子越来越少，钻头胎体中的镍-钴合金中镍与钴的含量比在一直变化，钴的含量在减少而镍的含量在增加，电镀钻头的性能也在发生变化，制备后期的电镀金刚石钻头成分，基本上接近电镀纯镍胎体金刚石钻头。

而对于纯镍电镀液，由于电镀液中只有镍离子，电镀液的成分简单、性能稳定、容易维护，钻头的成本较低。纯镍胎体的耐磨性比镍-锰、镍-钴合金胎体略有降低，但不是很明显；纯镍电镀液稳定，易于管理，有开发应用前景，而在我国采用纯镍镀液电镀金刚石钻头似乎极少或没有。本节主要研究纯镍电镀液电镀金刚石钻头的工艺技术与应用成果；同时，制备纯镍电镀金刚石钻头可以使用质量稍差的金刚石，实现胎体性能与金刚石的合理配合，降低钻头制造成本；同时，易于电镀工艺管理，有好的应用前景和较高的竞争力。

第二节　纯镍电镀液成分及其作用

采用纯镍电镀液电镀金刚石钻头具有较好的优势,首先它具有成熟的电镀工艺技术,电镀液成分简单、稳定,镀液性能易于维护,因而电镀金刚石钻头的成本较低,具有较好的竞争优势。纯镍电镀液的基本成分是硫酸镍、氯化钠、硼酸与添加剂四类化学试剂。纯镍电镀液基本组成成分与工艺参数如下。$NiSO_4 \cdot 6H_2O$:250～280g/L;NaCl:12～18g/L;H_3BO_3:35～40g/L;糖精:0.5～0.8g/L;pH值:4.1～5.2;温度:25～35℃;电流密度:0.10～0.15A/cm^2。

一、硫酸镍

硫酸镍是电镀液中的主盐,它为阴极提供最初的镍离子,它的浓度直接影响电镀层的质量和电镀速度。浓度低时,不能采用较大的电流密度,沉积速度慢;若采用较大的电流密度则可能出现镀焦的现象;但是,电镀液的分散能力和均镀能力较好,采用较小的电流密度可以获得高质量的电镀层。

高浓度硫酸镍可以采用大电流密度,实现快速电镀工艺,镀层色泽均匀,允许采用较大的电流密度,沉积速度快;但浓度过高(大于300g/L)时,电镀液的分散能力和均镀能力都较差,可能出现电镀层不均匀的现象,影响电镀层质量。根据实践经验,硫酸镍的浓度一般控制在250～300g/L的范围。浓度超过350g/L时就应该稀释或调整电镀液中的镍离子含量,或采用分槽方法,或采用减小镍阳极面积的方法,力争实现电镀液成分基本稳定。硫酸镍常选用$NiSO_4 \cdot 7H_2O$或$NiSO_4 \cdot 6H_2O$,两种硫酸镍没有实质性的区别,只是镍离子的含量稍有不同,配制电镀液稍加注意即可。

二、阳极活化剂

电镀过程中,可能出现阳极钝化,即出现镍阳极不溶解的现象。阳极钝化的实质是二价的镍离子被氧化成三价的镍离子,并附着在阳极上,使镍阳极不能发生正常的反应,不能溶解。一旦出现阳极钝化,镍阳极就不会正常溶解,电镀液中的镍离子得不到补充,镍离子的浓度就会越来越低,严重时使电镀终止。氯化钠是一种阳极活化剂,加入后溶解并形成氯离子和钠离子,氯离子在阳极会产生还原反应,使三价的镍离子还原成二价的镍离子,使镍阳极能发生正常的氧化反应,生成硫酸镍,有序地向电镀液中补充镍离子,维持电镀液中镍离子的基本浓度。

为了使阳极正常溶解,必须适时补充在电镀过程中所消耗的镍离子,在电镀液中必须加入阳极活化剂,常采用氯化钠或氯化镍。氯化钠价格便宜,浓度在12～20g/L之间,但钠离子会降低阴极电流密度的上限值。因此,在快速镀镍中,常用氯化镍作阳极活化剂,氯化镍的浓度在20～30g/L之间。

在电镀过程中氯化钠主要起2种作用,一是提高溶液的导电能力(主要依靠钠离子);二是依靠氯离子活化阳极,所以它又称阳极活化剂。后者的作用是主要的。虽然氯离子是电镀金刚石钻头过程中不可缺少的成分,但是,其中的钠离子累积多了却是无益的,会影响电镀层质量。

钠离子可以提高电镀液的导电能力,有助于提高电流密度,加快电镀速度。有的电镀液不采用氯化钠,而采用氯化镍,其效果是一样的,仍然是利用氯离子作为阳极的活化剂。电镀液中没有钠离子,电镀液的导电性能会受到一定影响,但对于电镀液成分的分析与调整有利;钠离子积累到一定程度,会对电镀层质量产生不良的影响,而且要去除它的难度较大。

三、缓冲剂

硼酸是电镀过程中最常采用的缓冲剂,硼酸最大的特点是其溶解过程分步且电离可逆。所谓分步、可逆就是当电镀液的 pH 值较高时,硼酸首先电离成氢离子和一价硼酸离子,之后一价硼酸离子又可电离出氢离子和二价硼酸离子;最后二价硼酸离子还可以电离出氢离子和三价硼酸根离子。随着分步电离的进行,电镀液中的氢离子浓度越来越高,pH 值就会下降。一旦 pH 值降低较多,上述的反应就会朝相反的方向进行,使溶液中的氢离子数量减少,pH 值就随之升高。由于硼酸的这种特性,因此利用它可以达到稳定电镀液 pH 值的目的,所以硼酸又被称为缓冲剂。可逆反应为

$$H_3BO_3 \rightleftharpoons H^+ + H_2BO_3^-$$
$$H_2BO_3^- \rightleftharpoons H^+ + HBO_3^{2-}$$
$$HBO_3^{2-} \rightleftharpoons H^+ + BO_3^{3-}$$

由于硼酸能起缓冲作用,能够减缓阴极区溶液的 pH 值的上升速度,因此采用硼酸时即使阴极电流密度较大也不至于在阴极上析出氢氧化物。缓冲剂还具有提高阴极极化程度和改善镀层性质的作用,但浓度过高会降低阴极电流效率。由此可知,硼酸是电镀过程中不可缺少的试剂,没有它电镀液的 pH 值很难控制,电镀液的性能就不会稳定,电镀钻头的质量就无法得到保障。

四、添加剂

纯镍电镀液形成镀层的应力稍高,可能影响镀层与钢体的结合效果,同时会在一定程度上影响使用效果。可以采用加入添加剂的方法降低镀层的应力,使镀层结晶细密,产生压应力,提高电镀镍基金刚石钻头的性能。常使用的添加剂为糖精,可以收到较好的效果。糖精的浓度一般为 $0.5 \sim 0.8 g/L$,比光亮镀镍时的浓度要略低。

其他的添加剂有十二烷基硫酸钠和双氧水等,可作为防针孔剂,加入这些添加剂有利于防止镀层产生针孔,但有利也有弊。十二烷基硫酸钠能够降低镀液的表面张力,使得氢气泡不易在阴极表面上滞留,从而可防止针孔的形成,其浓度一般为 $0.10 g/L$;在高 pH 值的电镀液中,它与镍离子反应生成不溶性化合物沉淀,其消耗量较高;即使在 pH 值较低的电镀液中,也有一定的消耗。因此,必须定时补充一定量的十二烷基硫酸钠。

双氧水是一种较好的防针孔剂,它的分解产物是水,对电镀液没有不良的影响。30%的双氧水浓度为 $1 \sim 3 mL/L$。其缺点是分解较快,需要经常补充。

五、稀土盐

稀土盐对电镀金刚石钻头的性能影响明显,能够细化镀层晶粒,提高镀层的致密性、镀层包镶金刚石的强度和镀层的物理力学性质。制备电镀孕镶金刚石钻头时可加入氯化铈($SeCl_3$)或氯化镧铈($LaSeCl_3$)等稀土氯化物,$SeCl_3$(或$LaSeCl_3$)的浓度在1~3g/L之间。稀土盐在电镀孕镶金刚石钻头中的作用值得重视、研究与应用。

在采用$SeCl_3$(或$LaSeCl_3$)稀土盐时,缓冲剂一般不采用氯化钠,而多采用氯化镍,这样可以防止钠离子产生反应而发生沉淀,可能影响镀层的性能。

第三节 电镀纯镍胎体金刚石钻头工艺参数

一、电镀液的 pH 值

只有对于每一种电镀液都有一定的 pH 值的要求,才能电镀出高质量的电镀制品。电镀过程中一定要维持 pH 值在合理的范围内。

一般情况下,按设计好的纯镍电镀液配方所配制的新电镀液,其 pH 值是稳定的,基本能满足生产的要求,无须调整。随着电镀的进行,电镀液成分会发生变化,需要调整与维持电镀液的 pH 值和电镀液性能。当然也不排除对质量等有特殊要求时,会要求在原配方电镀液的基础上,调整 pH 值。纯镍电镀液的 pH 值在 4.1~5.2 之间可以满足要求,其范围还是比较宽的。

pH 值较低时,电镀液酸性较强,容易放出氢气,氢气泡滞留在胎体中,镀层易产生针孔。而 pH 值较高时,酸性减弱,碱性上升,当 pH 值大于 5.5 时,电极附近的电镀液碱性会提高,有可能出现三价镍离子,一则可能引起阳极钝化,更重要的是三价镍离子可能沉积到镀层中,严重影响镀层的质量。pH 值过高时,阴极附近会出现碱式镍盐沉淀的倾向,并有利于氢气泡停留在阴极表面,镀层中有可能夹杂碱式碳酸盐,使得镀层结晶粗糙,并影响镀层的机械性能。只有采用较小的阴极电流密度的溶液,才能具有较高的 pH 值。因此,严格控制电镀液的 pH 值范围十分重要。

二、电镀液温度

电镀液的温度是电镀过程中重要的参数,电镀液温度和电流密度密切相关、互相影响、互相约束,一定要调整好这两者的配合关系。电镀液的温度升高,溶液中的离子运动速度加快,对阴极的阳离子补充比较及时,允许采用较大的电流密度。大的电流密度可以提高阴极极化,有利于改变沉积电位,加快电镀速度;但增大电流密度是有限度的,也就是阴极极化是有限度的,阴极极化过大会适得其反。为了增大电流密度,又不至于阴极极化过高,只有采取升高电镀液的温度来实现,因为升高电镀液温度可以降低阴极极化。所以,在电镀实际操作中,增大电流密度和升高电镀液温度是同时进行的,并且应匹配一致,实现优化配合。单纯只改变一个参数(温度或电流密度)收不到应有的效果,还有可能适得其反。

温度的改变会对镍镀层的沉积质量产生一定的影响,在生产实际中应该加以注意。

三、电流密度

电流密度是电镀参数中重要的参数之一。电流密度的大小直接影响电镀速度和镀层质量。每一种电镀液都有最优的电流密度范围,而最优电流密度范围受许多因素的影响,包括电镀液温度、电镀液成分和添加剂种类、阴极是否移动(含搅拌、连续过滤)等。电流密度过大,会出现镀焦的现象,使产品报废,电流密度过小,会影响电镀速度,太小的电流密度还会导致阴极钝化。因此一定要掌握好电流密度的大小,才能高效地电镀出优质的金刚石钻头。

对于电镀镍-钴电镀层,依据实践经验,正常电流密度值应控制在 $0.010\sim0.018A/cm^2$ 的范围内,依据金刚石的粒度以及每天加金刚石的次数等因素设计。其中,加金刚石电镀时的电流密度与复合层电镀时的电流密度是不同的,加金刚石电镀时的电流密度要稍小。

电流密度与温度必须优化配合,且具有很好的互补性。电镀液温度升高,会降低电镀液的极化作用,而电流密度增大则会提高极化作用;当需要加快电镀速度时,可以采用适当增大电流密度的同时升高电镀液温度的方法。通过电镀参数的优化与配合,实现快速制备高质量电镀金刚石钻头的目的。

四、阴极移动(加振动)

为了去除在镀层表面滞留的氢气泡,减少针孔,获得致密的镀层,其中一个有效的方法就是阴极(钻头)移动(加振动)。由于钻头在镀槽内移动,氢气泡很难在镀层表面滞留,大大减少了镀层形成针孔的现象,有效保证了钻头的质量。钻头(或阴极)移动参数如下:频率为 15~30 次/min;移动距离为 10~15cm,依据镀槽规格通过试验确定。

搅拌也是消除镀层针孔的方法之一,但没有阴极移动的效果好,搅拌容易搅起沉渣。快速、连续过滤镀液也能达到减少针孔的目的,保证镀层的质量。阴极移动或搅拌,还可以有效降低电镀液的浓差极化,对保证金刚石钻头质量、加快电镀速度产生积极的影响。

加入十二烷基硫酸钠、双氧水等添加剂去除镀层针孔,也是常采用的方法,但是,这将在电镀液中引入杂质,提高镀层化验与成分调整的难度;而且电镀液使用时间较长后,容易受到污染,较难处理。

第四节　电镀金刚石钻头特种工艺技术

一、镀前处理溶液配方

1)电化学除油溶液

电化学除油溶液的配方如下:NaOH 浓度为 $30\sim40g/L$;Na_2CO_3 浓度为 $20\sim30g/L$;Na_3PO_4 浓度为 $10\sim20g/L$;Na_2SiO_3 浓度为 $5\sim10g/L$。

2) 阳极活化溶液

阳极活化溶液的配方为 30%～40% 体积比的浓硫酸溶液,多采用 30% 的浓度。也可以采用较低浓度的盐酸溶液,进行活化处理。

二、钻头装饰电镀溶液

电镀金刚石钻头完成后,作为成品,需要装饰。电镀金刚石钻头装饰多采用光亮电镀镍的方法,给钻头外表镀上一层漂亮、光亮的"外衣",增加产品的认可度。装饰电镀的镀液配方与工艺如下:$NiSO_4 \cdot 6H_2O$ 浓度为 280g/L;NaCl 浓度为 17g/L;H_3BO_3 浓度为 40g/L;1,4 丁炔二醇浓度为 0.4g/L;糖精浓度为 0.8g/L;温度为 25～35℃;电流密度为 0.15～0.20A/cm^2;最好采用搅拌工艺或使电镀液快速流动。

钝化液

光亮装饰电镀后,为了增强钻头外表面的光亮镀层的附着力,需要将钻头在钝化溶液中浸泡 0.5～1.0h。钝化液浓度与钝化时间如下:重铬酸钾($K_2Cr_2O_7$)浓度为 50～60g/L;钝化时间为 0.5～1.0h。

三、金刚石亲水活化处理液

为了提高金刚石表面与电镀液的亲和性,可按一定配方配制处理液,将金刚石在处理液中浸泡处理一段时间,即可达到目的。

配制处理液:将 50g$K_2Cr_2O_7$ 溶于 100mL 水中,溶解后加入 500mL 浓硫酸,冷却,备用。

处理金刚石:将金刚石放入盛有处理液的烧杯内,加热并搅拌,待冒泡(冒烟)时,停止加热,加热时应注意安全。冷却后,将处理液倒出,反复清洗金刚石;清洗干净后加入电镀液备用。处理液回收后密封,以备下次使用。配制活化处理液时要注意安全。也可以采用超声波处理金刚石,该方法具有操作简单、成本低等优点,可取得较好的效果。

四、二次入槽处理液与工艺

在电镀钻头过程中由于停电等原因,镀层可能钝化,如果继续电镀就会使得镀层出现分层现象,直接影响钻头的质量。这时需要先对原金刚石镀层进行活化,才能继续电镀。活化处理液配方和处理工艺如下。

1)处理液配方

处理液配方如下:HCl(浓盐酸)的浓度为 160～190mL/L;$NiCl_2$ 的浓度为 200～220g/L。

2)处理工艺

按照常规方法活化处理后的钻头,在不带电状态下进入上述电镀液中浸泡 5min;然后通电电镀,电流密度为 6～8A/dm^2,时间为 5～6min。最后使钻头在带电状态下进入普通电镀液中,按照一般电镀参数进行电镀。

加金刚石电镀工序,可以采用手工加金刚石,也可以采用埋砂法加金刚石。埋砂法省时、省工,金刚石分布均匀。但需要采用一套装置和技术措施,才能保障质量。

五、电镀钻头镀后处理

电镀层高度达到设计要求后,电镀金刚石钻头即出槽,清洗干净,放入恒温干燥箱内,200℃恒温 2h,之后随干燥箱冷却。

由前面介绍可知,在电镀过程中,阴极除了镍离子还原沉积为镍原子外,还有氢离子也会在阴极得到电子还原为氢原子,两个氢原子结合成氢气。氢气的黏附与渗透能力很强,相当一部分氢气就会滞留或渗入镀层内。氢气在镀层内会引起镀层发脆,使镀层性能变差,就是俗称的"氢脆"。因此,需要在一定温度条件下进行去氢处理,使镀层内的氢气自动逸出镀层,尽可能地减少氢气对镀层的不良影响,维持镀层的固有性能。

第五节 加金刚石方法

一、埋砂法

不少电镀钻头公司加金刚石一直采用点砂法,即利用滴管分别向钻头的内、外径部位和底唇面加金刚石,每加一次金刚石转动钻头钢体一定角度,内、外径部分加完了金刚石,再给钻头底唇部加金刚石,花费的时间较长。但是,采用这种方法加金刚石的质量有保障,钻头的内、外径规范,钻头的保径效果好。

埋砂法的优势是工艺简单,易操作;但缺点是不言而喻的,普通埋砂方法,虽然简单易行,但其效果不好,如图 7-1(a)所示。由图 7-1(a)可以看出,在钻头内、外径的下部,由于金刚石堆积过厚,镍离子难以透过,镍离子的移动阻力大,金刚石很难"长"上去,造成钻头的内、外保径效果差,且不美观。

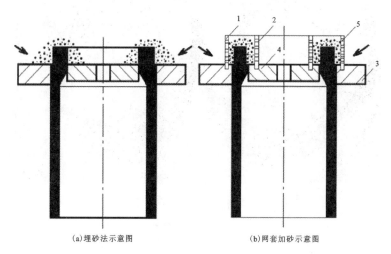

1.外网套;2.内网套;3.塑料模;4.芯模;5.金刚石。

图 7-1 不同的加砂方法示意图

埋砂法的时间长,金刚石生长量少且不均匀,明显地影响了钻头的内、外保径效果,必然影响电镀金刚石钻头的使用效果和外观形态。

二、网围加砂法

如图7-1(b)所示,在钻头内、外模上嵌入网套,其钻头内、外径部位电镀效果将得到明显改善,不仅钻头的外貌美观了,重要的是钻头的内外保径效果好了,电镀金刚石钻头的使用效果明显提高。网套如图7-2所示,使用网套添加金刚石的电镀钻头外貌如图7-3所示。

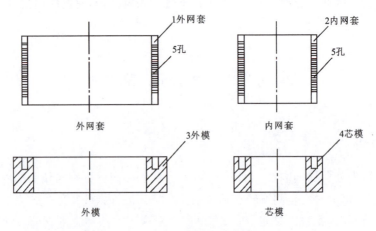

图7-2 网套结构示意图

图7-3 使用网套加金刚石的孕镶钻头

第六节　电镀双层水口金刚石钻头

一、背景技术

依据现代深部钻探的要求,必须大力推广绳索取芯钻进工艺技术,这样就要求有高时效、长寿命的金刚石钻头与之配套,否则,发挥不了绳索取芯钻进工艺的优势,必然会造成施工期限大大延长、钻探成本明显提高的后果。

普通电镀金刚石钻头的优势是钻进效率高,而钻头的使用寿命却较短,其主要原因在于钻头的保径效果不能满足要求,钻头的电镀工作层高度有限。这对于深孔、绳索取芯钻探既有有利的一面,即钻进效率高;又有不利的一面,即由于钻头保径效果较差和工作层高度较低而缩短钻头的使用寿命。如何发挥电镀金刚石钻头钻进时效高、对岩石适应性好的优势,改变其使用寿命较短的弱势,使得电镀金刚石钻头在绳索取芯深部钻探中发挥作用,已成为电镀金刚石钻头研究与开发的课题。

二、研究内容

电镀双工作层(即双层水口)金刚石钻头是一种长寿命的金刚石钻头,这类钻头的钻进时效高、使用寿命长,从而可以满足地质工程领域更高的需求。

借鉴制备热压金刚石钻头的经验,将长寿命电镀金刚石钻头的工作层设计成上、下双工作层,由上、下水口分隔。采用二次入槽、二次成型的电镀工艺,首先电镀钻头的上、工作层,采用导电水口塞"架桥",在上工作层中间加上普通水口塞,继续电镀下工作层;电镀工作层达到设计要求后,二次入槽电镀钻头的内、外保径层,其电镀工艺为:把已电镀好工作层的钻头出槽清洗干净,在活化-预镀液中先浸泡后预镀,随后转入正常电镀槽中电镀钻头的内、外径,至此完成钻头的制造。这种电镀金刚石钻头方法独特,工作层高,保径层随之增高,保径效果得到提升,提高了钻头对岩层的适应性,从而可明显改善电镀金刚石钻头的钻进效果,更好地满足深部勘探和绳索取芯钻进的需要。

三、电镀双层水口金刚石钻头工艺

采用二次入槽、二次成型的工艺方法,以提高电镀钻头的工作层高度和保径效果,这是提高钻头使用寿命的技术关键。第一次入槽电镀钻头的上、下两工作层,完成工作层的成型;第二次入槽电镀钻头的内、外保径层,完成整个钻头的电镀金刚石成型。

制造电镀双工作层(即双层水口)金刚石钻头的具体工艺步骤如下。

(1)电镀双工作层金刚石钻头的钢体与普通电镀钻头钢体加工规格与公差一致。

(2)图7-4(a)为电镀双层水口结构金刚石钻头的制造第一道工序示意图。图7-4(b)为导电水口塞加上后,用导电水口塞替代普通水口塞,继续电镀下工作层的钻头局部结构示意图。如图7-4所示,将镀前处理好的钻头钢体5入槽电镀,电镀25min后戴上内、外径模具;接着在钻头底唇面上加金刚石并进行复合电镀,待工作层4的镀层高度达到5～7mm要求后,用导电水口塞(图7-5)替代普通水口塞"架桥",同时在上工作层4的中间部位放置普通下水口塞;继续对钻头的下工作层3加金刚石复合镀,直到钻头的下工作层3达到设计电镀金刚石层高度。图7-5为导电水口塞结构示意图;导电水口塞由普通硅胶水口塞和导电层构成。

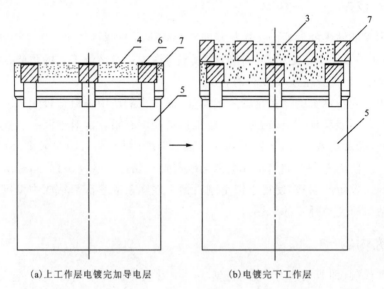

(a)上工作层电镀完加导电层　　(b)电镀完下工作层

3.钻头下工作层;4.钻头上工作层;5.钻头钢体;6.导电水口塞的导电层;7.硅胶水口塞。

图7-4　导电水口塞加在水口上的示意图

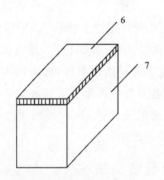

6.导电水口塞的导电层;7.硅胶水口塞。

图7-5　导电水口塞结构示意图

(3)电镀金刚石钻头的上、下工作层全部完成后,出槽清洗,经活化处理和预镀液处理与预镀后,转入正常电镀槽中,进行第二次入槽电镀钻头的内、外径,加金刚石复合电镀,直到钻头外径层达到1.5～2.0mm,内径层达到1.0～1.5mm,即完成本双层水口电镀金刚石钻头的内、外径电镀工艺。

(4)二次出槽后经去绝缘、去包扎、清洗、恒温去氢、修正、装饰,即完成本双层水口电镀金刚石钻头的制造。

四、二次入槽处理液及预镀工艺

第二次入槽前所用活化处理液与预镀液成分如下。

$NiCl_2$ 的浓度为 200～220g/L，HCl 的浓度为 190～200mL/L。

第二次入槽前所用活化处理与预镀工艺参数如下。

活化处理与预镀工艺：第一次入槽完成工作层电镀后，把出槽清洗干净的钻头置于活化处理和预镀液中先浸泡 5～7min 进行活化；接着预镀 7～8min，电流密度为 7～8A/dm²；预镀之后将预镀好的钻头从预镀槽中取出，直接转入正常电镀槽中进行内、外径的保径电镀；先电镀 20min，之后加金刚石复合电镀，直到内、外径镀层厚度达到设计要求，即完成钻头内、外保径层的电镀。电镀内、外径时，加入底层的金刚石粒度为 60/70 目，第 2 层为 50/60 目，最外面一层为 40/50 目，金刚石的品级全部为 SMD40。完成 3 层金刚石电镀后，孕镶金刚石钻头的内、外径能够达到钻头所需要的规格要求。

电镀完的钻头出槽、去绝缘、去包扎、清洗，之后在 200～220℃ 恒温箱中恒温 2h，目的是进行去氢处理，排出镀层中的氢气，消除镀层因氢气产生的氢脆；然后进行修整、装饰，即完成本双层水口电镀金刚石钻头的制造。

五、电镀液成分及其电镀工艺参数

1）电镀液成分

电镀液成分如下：$NiSO_4$ 的浓度为 240～260g/L；$CoSO_4$ 的浓度为 15～20g/L；NaCl 的浓度为 12～15g/L；H_3BO_3 的浓度为 35～40g/L。

2）电镀工艺

电镀工艺参数如下：电镀液温度为 25～35℃；电流密度为 1.1～1.3A/dm²；pH 值为 4.1～5.2。

采用阴极移动方法。在电镀工艺参数中，pH 值在随时变化，试验表明 pH 值在 4.1～5.2 的范围内能够保证电镀钻头的质量，无须进行调整；电流密度的下限值为 1.1A/dm²，适用于二次入槽电镀钻头内、外径，也能用于电镀钻头的底唇面工作层。如果电镀液的温度大于等于 30℃，可以采用 1.2A/dm² 的电流密度，以加快电镀速度。

六、电镀双层水口金刚石钻头处理工艺

电镀前处理工艺与工序为①钻头钢体设计、加工与检验；②有机溶剂除油；③弱腐蚀除锈；④绝缘包扎；⑤电化学除油；⑥阳极活化；⑦带电第 1 次入槽电镀；⑧加金刚石-钻头工作层成型电镀；⑨第 2 次入槽电镀，加金刚石-钻头内、外径成型电镀；⑩钻头出槽清洗，后处理与装饰。

利用上述方法制造的双层水口金刚石钻头具有有益效果。该类型电镀金刚石钻头的制造工艺简单，其钻头结构独特，钻进性能好，工作效率高，使用寿命长。钻头的双水口结构有利于提高钻头的抗弯强度。采用二次成型强化保径措施，大大延长了钻头的使用寿命，改变了电镀金刚石钻头不能用于绳索取芯钻探的传统观念。采用技术措施控制金刚石浓度为

85%左右,可降低钻头的制造成本。本方法制造的钻头与现有的钻头相比,使用寿命大大延长,有利于提高钻头的钻进效率和提高钻头对钻进不同岩石的适应性。

七、电镀双层水口金刚石钻头结构

图 7-6 为电镀完成双水口电镀金刚石钻头结构示意图。

图 7-7 为电镀双层水口金刚石钻头外部形貌图。

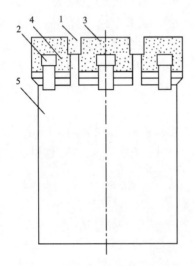

1.下水口;2.上水口;3.下工作层;
4.上工作层;5.钻头钢体。

图 7-6 电镀双层水口钻头结构示意图

图 7-7 电镀双层水口钻头外部形貌

第八章　提高孕镶金刚石钻头的质量

第一节　提高热压孕镶金刚石钻头适应性

提高热压金刚石钻头对岩石的适应性，要从几个方面进行研究试验。但首要的前提还是必须尽可能了解所钻岩层的岩性以及钻进方法与钻进工艺参数。因为岩性与钻进工艺参数对钻进效果会产生直接影响。同时对原有钻头的钻进效果、钻进时效、使用寿命等信息，钻进时效与寿命的兼顾程度如何，都要心中有数，才能对症下药、解决问题。其中，涉及的一个重要问题是钻头寿命与钻进时效的矛盾如何得以兼顾。

影响热压钻头钻进时效的因素主要有金刚石参数、钻头的胎体性能及其优化配合的热压工艺参数、钻头的结构等几个方面。

一、金刚石的参数

1. 金刚石的品级

金刚石品级(质量)是影响钻头质量的十分重要的因素。在其他条件相同的前提下，金刚石品级高，钻头寿命长；金刚石颗粒较粗，钻速较快。

在设计金刚石钻头时，往往注重金刚石品级和粒度。确定金刚石品级主要参考岩石的软硬程度(岩石可钻性级别高低)以及岩石的研磨性强弱。因为品级高的金刚石，其抗压强度高，可以钻进硬—坚硬岩石；而且品级高的金刚石，其磨耗比大，可以钻进研磨性强的岩石。

金刚石的品级高，允许采用较低浓度的金刚石参数；单颗金刚石上的钻压可以得到提高，有利于增大金刚石切入岩石的深度，配合高转速，可以加快钻速。

金刚石的品级高，允许采用颗粒较粗的金刚石，以提高金刚石出刃高度，实现高的钻进时效。国外的金刚石钻头均采用高品级的金刚石，钻进效果好，因而性价比高，制造的孕镶金刚石钻头能够实现优质、优价。

2. 金刚石的粒度

热压钻头的金刚石粒度参数还应包括不同粒度的组成及配合。热压钻头常采用的粒度为 60/70 目、50/60 目、45/50 目、40/45 目、35/40 目、30/35 目。

金刚石粒度大,意味着金刚石允许有较高的出刃高度,切入岩石的深度可以增大,钻速可以加快;但颗粒粗的金刚石,必须品级高,否则出刃高则容易崩刃或断裂。

金刚石的颗粒如果大到一定程度,钻头就会难以自锐出刃,直接影响钻速,这是不可取的。孕镶金刚石钻头的粒度一般多选用 30/40 目,少数情况可选用 25/30 目;如果选取更粗颗粒的金刚石,必须有胎体性能及钻进工艺参数予以配合。

粒度小的金刚石,虽然单颗抗压强度低,但单位面积上的抗压强度却较高,因而有利于钻进硬岩;粒度小的金刚石,其比表面积大,钻头单位面积上切削点多,有利于提高钻头的耐磨性,因而有利于钻进研磨性强的岩石。

在确定金刚石的粒度大小时,主要考虑岩石的软硬、研磨性强弱,还要考虑钻进时效。

确定金刚石粒度参数时有一点值得注意,就是细粒金刚石的应用问题。这里提到的细粒金刚石指粒度为 100~140 目的金刚石。从破碎岩石效果来讲,细粒金刚石的效果很差,因为其颗粒小,出刃高度和切入岩石的深度极其有限,破碎岩石方式为研磨或磨削,钻速必然很慢。因此,一般金刚石钻头厂家不会采用细粒金刚石。但是,细粒金刚石应用在某些具有特殊胎体性能的钻头中时,比如胎体较软的钻头[如硬度(HRC)为 15 孕镶钻头]中时,钻头的耐磨性较低,钻头的使用寿命短,这时细粒金刚石的加入不仅可以提高胎体的耐磨性,还可以改变软胎体的属性,改善钻进效果。

3. 金刚石的浓度

金刚石的浓度指金刚石在钻头胎体中的含量。金刚石的浓度有两种规格:100% 浓度制和 400% 浓度制,两者含量相差 4 倍。我们常采用砂轮(金刚石)制浓度,即 $1cm^3$ 的胎体中含金刚石 4.4ct 时浓度为 100%,含金刚石 3.3ct 时浓度为 75%,以此类推。孕镶金刚石钻头中的金刚石浓度多在 75%~100% 之间,要依岩石的力学性质和钻进工况而设计确定。有时浓度采用简化方法计算,即以胎体金属粉末质量的百分比(N)来计算金刚石的用量,一般 N 取 10%~12%。

一般认为,金刚石的浓度不是越高越好,而应该与岩性结合起来设计确定。岩石的硬度高,或可钻性级别高(即难钻进),金刚石的浓度不应太高。若金刚石浓度高,每颗金刚石所承受的钻压就会降低,不利于钻头有效切入岩石,反而钻进时效会有所降低。

对于可钻性为Ⅷ~Ⅹ级完整、中等研磨性岩石,金刚石浓度可取 85% 左右(即 N 取 10%~12%);对于可钻性为Ⅹ级以上的致密岩石,金刚石浓度取 75% 左右(即 N 取 9%~10%);对于可钻性为Ⅵ~Ⅷ级完整岩石,金刚石浓度可取 75%~80%(即 N 取 9%~10%)。而对于非均质岩石,或硬、脆、碎地层,金刚石浓度应较高,可取 85%~90%(即 N 取 11%~12%)。

值得注意的是,金刚石的粒度、品级与浓度必须与岩石力学性质和胎体配方相适应,与钻进工况相适应,以充分发挥金刚石的作用为主导设计思想。高质量金刚石应与高性能的钻头胎体结合才能取得好的钻进效果。

二、钻头胎体性能

钻头的胎体性能,主要指胎体的硬度、耐磨性、抗冲蚀磨损性和抗冲击韧性等主要的实用性指标,其中以硬度与耐磨性为主,而胎体耐磨性尤为实用。由于测量耐磨性的方法、仪器与指标,至今还没有得到统一,缺乏相应的、实用性好的检测仪器,因此,只能采用胎体硬度作为钻头的性能指标。

孕镶金刚石钻头胎体性能,可以简化考虑,采用一个指标表示,即以胎体的实际密度表示。只要胎体的实际密度能够达到理论密度的98.0%～98.5%,就认为胎体结构基本合理,具有好的适应性和效果。测量胎体密度通常采用DA-300PM密度测量仪,操作简单、结果可靠、实用。

1. 钻头的胎体材料(体系)

钻头的胎体材料体系分为单质金属粉材料体系和预合金粉材料体系两种。

单质金属粉材料体系主要为WC、YG8(YG12)、Ni、Co、Mn、Fe、Cr等以及Cu合金与663-Cu合金粉,有时会用到Cu-Re合金粉。WC、YG8(YG12)为胎体中的骨架材料,其占比在15%～65%之间;Cu合金与663-Cu合金粉等为黏结金属材料,其占比为20%～38%;占比介于上述二者之间的Ni、Co、Mn、Fe、Cr等金属粉末,它们既可以作为骨架材料使用,也可以作为黏结金属使用,是"两性"材料,其占比为12%～35%。

预合金粉是几种金属粉经过熔炼后,经破碎、分选、还原等工序形成的合金粉。由此可知,预合金粉已经是合金粉末。预合金粉胎体中各种金属分布较均匀,钻头的胎体性能较稳定,同时,对热压参数的适应性较好。因此,应该采用预合金粉作为孕镶金刚石的胎体材料。

2. 热压工艺参数

由于单质金属粉各成分间的物理力学性质相差很大,即硬度与熔点相差很大,故设计热压参数时有一定的难度,比较难以兼顾。其基本原则是:骨架材料含量高的,设计热压温度要高,烧结压力要大,一般温度在950～980℃之间选择,而压力在14～16MPa之间选择;而铜合金黏结金属含量高时,设计烧结温度要较低,烧结压力要较小,一般温度在950～965℃之间选择,而压力在14～16MPa之间选择。

上述是针对传统的钻头配方设计的热压工艺参数。但是,有两种情况必须予以考虑:一是对于坚硬胎体,烧结温度可达到980～995℃,压力达到17～19MPa;二是热压工艺参数必须与胎体材料体系相适应,实现优化配合。

3. 钻头的科学结构

热压钻头的结构对钻头的性能和钻进效果会产生显著的影响,其重要性应该与钻头的胎体性能等同。钻头的结构包括钻头底唇面的结构,更重要的是工作层内部的结构,同时还包括钻头的水路系统结构和保径结构等。

设计热压钻头结构的指导思想是:改变钻头与岩石的全面接触状态,改变以磨削或研磨为主的破碎岩石的方式,改变钻头破碎岩石的机理,实现分环、分别方式破碎岩石;钻头在钻进过程中能够形成众多的破碎穴或破碎槽,并利用这些破碎穴与破碎槽,代之以体积方式破碎孔底岩石;同时利用钻进过程中钻具的复合振动和冲洗液的冲蚀作用,综合各种方式与优势破碎岩石；采用这种结构的钻头钻进岩石，钻进中所产生的岩粉粒度较粗，有利于提高金刚石的出刃效果。

例如自磨出刃热压孕镶金刚石钻头，是一种分层复合型结构的钻头，关键技术是各层的规格以及各层的胎体材料与性能及其优化配合。以ϕ101mm规格抽芯钻头为例，其工作层由3层含金刚石主工作层和2层不含金刚石的隔层组合而成，贯穿钻头整个工作层；隔层的厚度是钻头性能的关键因素之一，其厚度为1.2~1.6mm，一般可取1.4mm；其力学性能应比主工作层低一个等级，必须另行设计。这样才能确保主工作层破碎岩石的效率高，而辅助隔层得到相应磨损，能够优化配合起着辅助破碎岩石的作用，这样才能提高钻头破碎岩石的效率。

辅助隔层的规格和性能设计合理与否，取决于钻头磨损后的沟槽的宽度和深度，必要时应该进行调整。依据隔层的性能，可以加一定数量和质量的磨料。磨料有低品级金刚石、白刚玉、碳化硅等，多数情况不加磨料。

不同结构的钻头，包含分层复合型钻头、助磨体钻头、复合体镶焊式钻头以及组合体金刚石钻头，等等。这些种类结构的热压孕镶金刚石钻头，均能够明显提高钻进效率，也能够确保钻头获得较长的使用寿命。

设计钻头结构时，不要忽视水口的结构参数设计。水口的主要功能是及时排出岩粉和有效冷却钻头；但水口还有其他功能，如调整钻头与岩石的接触面积，调整钻头对岩石的适应性和调整钻速。一般水口宽度为5~6mm，但是若要加快钻速，在配方与金刚石参数不变的情况下，将水口宽度增加至7~8mm，可以达到加快钻速和提高岩层适应性的目的。

四、加辅助材料

辅助材料的种类不同，加入的量不同，所起的作用就会不相同。

辅助材料可以有多种，提高钻头钻进效果的材料有不同的种类，但多数都是以降低胎体的耐磨性，或者提高胎体的磨损性，达到提高金刚石的出刃效果，随之实现提高钻进效果为目的。

最常见的辅助材料是氧化铝空心球，其粒度为60/70~40/50目，其体积浓度为10%~20%，视需要确定。还可以采用C-Si复合材料，可以起到相近的效果。

采用Fe-Cu30合金粉（或Cu-Re）制粒，用量与浓度依据情况确定，一般浓度为25%~35%。

利用金刚石制粒，需要对金刚石裹敷一层WC粉末，WC的浓度不同，则使用效果不同，最大浓度为胎体中WC的用量浓度。

还有其他方法，或两种以上方法结合使用，依据具体情况而定。

五、优化热压工艺参数

1. 单质金属粉配方与热压技术

热压单质金属粉胎体的钻头，其胎体材料的硬度、熔点等物理性质相差很大，最硬的

WC 和最软的 663-Cu 合金黏结金属，两者的差别最大；铁、钴、镍的硬度与熔点也比 663-Cu 合金要高很多，硬度也高不少。这 3 类材料在一起热压烧结时，很难优化热压烧结工艺参数，有顾此失彼的现象。因此，在金刚石钻头热压参数中，温度是关键，压力是重要的配合条件。

确定热压工艺参数，一定要依据 3 类胎体材料的浓度比分析后优化确定，之后进行必要的试验研究。WC 浓度达到了 45% 或更高时，烧结温度一般不能低于 960℃，而压力不能低于 16MPa；WC 浓度达到 55% 或更高时，烧结温度不能低于 975℃，而压力不能低于 18MPa。可以适当提高压力来弥补温度降低带来的不足，压力与温度有一定的互补作用，存在优化配合关系，这是确保孕镶金刚石钻头质量的重要一环，是设计孕镶金刚石钻头性能以及与热压参数优化配合的新思路，确保高适应性和高效、长寿命的钻进效果。

2. 预合金粉配方与热压技术

预合金粉的优势明显，如热压温度较低，保温时间较短。在温度较低的条件下，依靠增大压力可以达到预期目的。我们提倡使用预合金粉的另一个原因是预合金粉胎体对岩石的适应性较好，胎体配方对热压工艺参数的要求不是很苛刻，这是预合金粉很难得的优势。

预合金粉胎体金刚石钻头的热压工艺参数中，温度一般均较低，多在 930~950℃ 之间；而压力多在 17~18MPa 之间，有时压力可达 20MPa。采用较高压力的原因主要是铜的总量较高，但纯铜浓度极低或者为零。铜是与铁、镍、钴或锰等金属预制成了合金粉，性质发生了变化，在较高温度下的流失量为零，这时配合较高的压力，能够提高胎体的硬度、耐磨性与密度。这些性能与单质金属粉胎体钻头性能的区别是明显的。

第二节 提高电镀金刚石钻头的耐磨性

提高电镀钻头胎体的致密性，主要是通过减少钻头胎体的针孔和节瘤，延长钻头的使用寿命，随之改善钻头的外部形貌。减少胎体中针孔，是解决问题的根本。产生针孔的原因和解决的方法，分析如下。

一、电镀工艺参数的优化

电镀工艺参数没有实现优化组合，主要表现为在电流密度、电镀液温度与 pH 值的优化配合上还存在一定的问题，特别是电流密度与电镀液温度配合失调，电镀液的 pH 值没有适时调整；或电镀液成分的稳定性欠佳，电镀液中的钴离子浓度变化较大，镍离子浓度高，没有得到适时调控与稳定；同时，电镀液中的各种杂质含量超标，没有得到及时处理。这些因素发展到一定程度，就会影响镀层的质量。

电镀金刚石钻头工艺参数必须依据金刚石的粒度、每天加金刚石的次数等基本要求优化确定。金刚石的粒度大，每天加金刚石次数多，必定要求增大电流密度，才能保证金刚石被镍镀层包镶好；由于电流密度增大了，电镀液的温度也要随之提升。

总之，电镀金刚石钻头参数的确定必须依据金刚石粒度、每天加金刚石的次数，试验确定电流密度与电镀液温度，特别是电镀液的温度与电流密度的优化配合很重要。

二、解决析氢的技术方法

氢气泡在镀层中导致针孔的形成，降低了钻头内、外径与工作层的致密度，必定会降低钻头的耐磨性，造成电镀钻头的保径效果不理想；同时，针孔还会引发镀层向节瘤发展，节瘤很容易发展成粗糙镀层，不仅影响钻头的形貌，而且会降低电镀钻头的使用价值和对钻探工况的适应性。

其实，氢气泡（针孔）有弊也有利。如果氢气泡（针孔）能够有效地得到控制，就可以把弊转化成利，即利用氢气泡（针孔）数量调控镀层的耐磨性，可以获得不同耐磨性能的电镀金刚石钻头。

去除氢气泡且不产生不良影响的有效方法是采用阴极（钻头）移动方法，同时最好配合钻头支架的振动，效果更好；阴极（钻头）移动时的移动速度为 15～30 次/min，移动行程为 10～15cm；移动可以分为横向移动和纵向移动。

也可以在电镀液中加入十二烷基硫酸钠和双氧水，二者对去除氢气泡都有一定效果。十二烷基硫酸钠浓度为 0.1～0.4g/L，双氧水（浓度为 30%）浓度为 1～2mL/L；用水或镀液稀释后均匀加入。但该方法存在电镀液中有机杂质量增大的问题，要定期采取技术措施去除。

钻头移动的附加作用是使电镀液流动，能够消除电镀液各成分的浓差极化，有助于电镀出均质、细密的镀层，还有助于加快电镀速度。

三、电镀钻头的材料品级低

使用了低品级电镀材料，低品级金刚石多少带有磁性；使用纯度为工业纯的化学试剂，内含金属等杂质多。这些品级低的材料都会对电镀钻头的质量产生明显的影响。

市场上容易出现价格战，其实质是钻头的质量不高，钻头的单价上不去，必然降低价格销售。以低价促销钻头，结果必然出现非良性循环。钻头的成本中，金刚石成本占的比例较大，竞争中只能采用低价格、低品级的金刚石。而低品级的金刚石很容易造成镀层出现节瘤、针孔，镀层外观不好。同时，采用低品级的硫酸钴等化学试剂（含金属等杂质多）必然会造成类似的问题。

确定金刚石参数时，可以采用品级较高的金刚石，适当控制金刚石的浓度与粒度，钻头的成本也不会有太大的提高，金刚石钻头的质量不降反而会有所提高。控制金刚石的浓度，可以通过减少加金刚石的时间或减小电流密度的方法得以实现，依据金刚石的粒度，可通过试验得出最佳加金刚石的时间或电流密度。

另外，金刚石的品级越低，粒度越粗，对于确保电镀金刚石钻头质量与外观越不利。这是显而易见和容易忽视的一点。

四、模具的磨损

电镀钻头一般采用塑料模具，因为塑料不会污染电镀液，且有一定强度和硬度，便于加工。但是，塑料模具在使用几次后，由于塑料的硬度和耐磨性与金刚石相差很大，在退模时必然使模具的内、外径表面上出现很多摩擦痕，有的摩擦痕很深、很粗糙。继续使用后大量的氢气泡就会滞留在模具壁上，随着电镀的进行被包裹在胎体内，形成针孔，这是造成电镀钻头内、外径不耐磨和外观不美观的主要原因。

解决的办法是每电镀一次，就对模具进行打磨，使其内、外径表面光滑，不容易滞留氢气泡，镀层中的针孔自然就会减少许多。

已经使用过的模具，磨损后粗糙度变大，可以通过机加工，变成大一级钻头的模具（如 ϕ75mm 的变成 ϕ76mm 或 ϕ77mm），可继续使用；否则，当模具尺寸超标后，就必须报废。

总之，电镀金刚石钻头的模具反复使用，造成了模具壁很粗糙，镀层中极易滞留气泡，形成针孔与节瘤，影响钻头的使用效果和外观形貌；同时，电镀钻头的外部形貌变差，也会影响钻头的质量以及销售效果。

五、电镀液的净化

电镀液的净化是电镀金刚石钻头工艺中必不可少的一项工作，它直接关系到电镀金刚石钻头的质量与外观形貌，必须重视。

有的电镀钻头厂一直采用光亮电镀方法，有的厂在电镀过程中使用十二烷基硫酸钠去除氢气泡，这些材料都属于有机材料，失效后就留在电镀液中，日积月累有机杂质较多，但是又没有适时清除与净化，很容易造成镀层不良，极易形成针孔与麻点。去除有机杂质的方法是往电镀液中加入浓度为 $1\sim2$g/L 活性炭，可以用铅板作阳极，在大电流密度（$1.5\sim3$A/dm^2）下，进行阳极氧化处理去除，但这种方法不太适用于净化有机杂质多的电镀液。

同时，应定期过滤电镀液，或每批钻头出槽后过滤电镀液，去除各类固体颗粒杂质。过滤时采用大张快速滤纸过滤，重复过滤 $1\sim2$ 次。

1. 铁离子消除

当铁离子浓度大于 0.1g/L 时，镀层会产生纵向裂纹，导致脆性增大，而且后果尤为严重。此时溶液混浊，透过灯光观察，有絮状悬浮物，阳极上的白色包布变黄，镀层呈暗灰色，孔隙数量成倍增加。

消除方法：首先应将低价亚铁离子氧化成高价铁离子，生产中常采用高锰酸钾或双氧水两种氧化剂。氧化后的高价铁离子在溶液 pH 值为 6 时，能最大限度地形成氢氧化铁而沉淀。以此可以过滤而去除铁离子。

一般情况下，当铁离子浓度较大时，可以采用高锰酸钾，浓度为 $0.1\sim0.3$g/L；当杂质较少时，可用 6% 的双氧水，浓度为 $5\sim10$mL/L。最后用活性炭吸附，并过滤。活性炭浓度为 $0.5\sim1.0$g/L。

2. 铜离子消除

铜的电位比镍正，电镀时铜离子首先以铜或铜合金的形式沉积出来，致使镍镀层疏松，而呈海绵状，色泽灰暗，条纹和孔隙增多。这些现象随着铜离子浓度的增大而严重。

铜的电位比镍正,可以利用通电的方法去除铜离子。即用铁板作阴极,利用较小电流密度($0.1\sim0.3A/dm^2$)处理,经试镀合格后方可投产。

采用化学法除铜,效果良好。过滤电镀液前不断搅拌并缓慢加入$1\sim2mL/L$的商品QT或CF除铜剂,搅拌反应$1\sim2h$,试剂与铜杂质优先反应生成沉淀,过滤去除。

3. 锌离子消除

当锌离子浓度较小时,可采用小电流密度($0.2\sim0.4A/dm^2$)电解处理法清除锌离子,此方法的原理与除铜离子原理相同。

当锌离子浓度过高时,可用化学沉淀法去除。在溶液中加入稀释的氢氧化钠和少量的碳酸钙,将溶液pH值调至$6\sim6.3$,升温至$70\sim80℃$,同时充分搅拌,用碳酸钙提高pH值时所产生的硫酸钙和氢氧化锌反应生成沉淀,静置4h以上后过滤,最后调整pH值至符合工艺规范,即可试镀。

4. 铬离子消除

由于镀铬溶液中的铬是氧化剂,带入镀镍槽的铬离子,对镀镍溶液极为敏感,所以铬杂质对镀镍溶液的影响极大。当六价铬的浓度达到$0.01g/L$时,阴极电流效率就明显降低,使镀层发黑且脆,结合力变差,镀件弯曲时镀层会呈鱼鳞片碎末状;如果六价铬的浓度超过$0.1g/L$,可能镀不上镍层。

铬杂质的去除方法如下:用硫酸(化学纯)先将pH值调至3左右,在搅拌中加入保险粉(连二亚硫酸钠),浓度为$0.1\sim0.6g/L$(准确的浓度要根据六价铬浓度而定)。然后将电镀液的pH值调至$5\sim6$,升温至$70\sim80℃$,搅拌后反复测定,调整pH值,静置4h以上后过滤。过滤后再加入浓度为$0.5\sim1.0mL/L$的双氧水,同时滤除过量的保险粉。最后用硫酸(化学纯)调整pH值至正常范围内,经低电流电解数小时后即可试镀。

5. 有机杂质消除

有机杂质主要会使镀层产生针孔和脆性,影响镀层的力学性能。它容易吸附在阴极表面和金属离子结合,改变阴极电位,增加氢气在阴极表面的吸附量;同时,氢气也可能吸附在金属晶体的棱角上,在电流密度大的情况下阻止晶体生长,出现钝化现象,或使镀层无法在局部沉积,出现麻点或针孔。

有机杂质通常采用活性炭吸附或者高锰酸钾氧化方法去除。单独处理有机杂质可使用浓度为$2\sim4g/L$活性炭,在搅拌条件下逐渐加入,同时升温至$70\sim80℃$,充分搅拌后,静置$1\sim2h$,然后趁热过滤。在实际生产中,清除槽底污物都是定期进行,综合处理的。在处理铁、铜、锌等杂质的同时,加入双氧水、活性炭一次性把有机杂质和金属杂质一并去除。

有机杂质的去除,通常是附带进行的,如处理铁杂质时,采用氧化-吸附联合法,这时有机杂物和铁同时被氧化而去除。有时也采用向镀液中加入浓度为$1\sim2g/L$的活性炭的方法,用铅作阳极,在小电流密度($1.5\sim3A/dm^2$)条件下,利用阳极氧化法去除(仅适用于有机杂质较少的情况)。

主要参考文献

陈洋,刘德梅,2006.金刚石钻头钻进"打滑"地层采用的有效方法与实例[J].超硬材料工程(4):16-18.

黄培云,1982.粉末冶金原理[M].北京:冶金工业出版社.

李世忠,1992.钻探工艺学:中[M].北京:地质出版社.

刘广志,1991.金刚石钻探手册[M].北京:地质出版社.

万隆,陈石林,刘小磐,2006.超硬材料与工具[M].北京:化学工业出版社.

杨凯华,段隆臣,汤凤林,1996.新型广谱金刚石破碎岩石工具的研制[J].探矿工程(4):44-46.

杨凯华,段隆臣,章文娇,等,2001.新型金刚石钻头研究[M].武汉:中国地质大学出版社.

杨展,段隆臣,章文娇,等,2012.新型金刚石钻头研究[M].武汉:中国地质大学出版社.

张丽,2004.坚硬致密弱研磨性岩层电镀金刚石钻头研究[D].武汉:中国地质大学.

朱恒银,王强,杨展,等,2014.深部地质钻探金刚石钻头研究与应用[M].武汉:中国地质大学出版社.